中华优秀传统文化创造性转化与创新性发展研究

基金项目：2021 年度湖北理工学院科研项目"青少年德育中的孝文化传播研究"（项目编号：21xjr08R）

孝文化的传播与建设

陈朝晖◎著

华中科技大学出版社
http://press.hust.edu.cn
中国·武汉

图书在版编目（CIP）数据

孝文化的传播与建设 / 陈朝晖著. — 武汉 : 华中科技大学出版社，
2024.2
    ISBN 978-7-5772-0501-4

Ⅰ.①孝…　Ⅱ.①陈…　Ⅲ.①孝—文化研究—中国　Ⅳ.①B823.1

中国国家版本馆 CIP 数据核字 (2024) 第035185号

孝文化的传播与建设

Xiaowenhua de Chuanbo yu Jianshe

陈朝晖　著

策划编辑：莫　愚
责任编辑：莫　愚
封面设计：竹树文海
责任校对：张会军
责任监印：赵　月
出版发行：华中科技大学出版社（中国·武汉）　　电话：(027)81321913
　　　　　武汉市东湖新技术开发区华工科技园　　邮编：430223
录　　排：郭晓娜
印　　刷：三河市九洲财鑫印刷有限公司
开　　本：710 mm×1000 mm　1/16
印　　张：11.75
字　　数：166 千字
版　　次：2024 年 2 月第 1 版第 1 次印刷
定　　价：48.00 元

序

中华孝文化是中华优秀传统文化的重要组成部分，在漫长又深厚的历史积淀中，作为一种原生家庭的伦理观念上升为社会自治的道德规范，进而凝练到中华民族的精神血脉中，成为中华民族的精神基因、精神标志与精神追求，在中华文明实践中发挥着不可替代的作用。

弘扬孝文化，对于增强文化自信、提升文化软实力、建设文化强国、构建中华民族共同体、推进民族复兴大业、对话世界文明、实现文明交流互鉴等具有重大意义。在文化自信视域下，孝文化传播理应上升为国家战略传播的一部分，成为传承和发展中华优秀传统文化的一项重要文化工程。

伴随着孝文化的创造性转化与创新性发展，逐渐在实践中生发出一种"建设性传播"的新形态，它以鲜明的问题意识、显著的实践性、主体的多元性、多元共融和协同并举模式、坚持效果导向、较强的自传播性为主要特征，将成为未来孝文化传播的重要趋势之一。

"建设性传播"与"对策、积极、未来、公共"等概念密切关联，其以问题解决为导向，以积极情绪、面向未来的视野，关注社会公共议题。建设性传播有助于重塑传播者的建设性角色，有助于积极参与社会建设与治理，有助于改善社会关系，促进社会进步和文明生态的"向上向善"发展。

我国现代化建设对文化建设高度重视，从战略和全局上擘画蓝图，明确提出到 2035 年建设文化强国的远景目标。在国家现代化建设进程中，精神文明和物质文明协调发展，是我国现代化建设的重要特征之一。着眼于此，孝文化的建设性传播，旨在"弘扬孝文化，推进现代化"。

在新时代，中华孝文化有着重要的现实价值。深入挖掘孝文化资源，大力传播与弘扬社会主义核心价值观中"爱国、敬业、诚信、友善"的文化内涵，有助于为建设文化强国、助推国家现代化建设服务。孝文化的建设性传播，将致力于提高社会文明程度、提升公共文化服务水平、健全现代孝文化产业体系。

　　放眼四海，在人类文明的总体框架中定位孝文化的角色与使命，将孝文化的建设性传播放在世界文化的现代化中考量其价值，以及对当今世界可能有的贡献和未来走向，将为世界文明发展，为和谐世界建设，为构建"人类命运共同体"，贡献中国智慧和中国力量！

目　录

第一部分　孝文化传播

文化自信视域下孝文化的国家战略传播

文化是一个国家立足世界的灵魂支柱，文化兴则国运兴，文化强则民族强。文化自信是一个民族浴火重生的精神动力，"没有高度的文化自信，没有文化的繁荣兴盛，就没有中华民族的伟大复兴"①。纵观全球史，国与国的比拼更多体现为文化软实力的竞争，一个国家和民族的强弱背后，几乎所有的差异都是因为文化。孝文化是中华五千年历史文化的积淀与根脉，其文化精华部分是中华优秀传统文化的重要基因，弘扬孝文化对于增强文化自信、提升文化软实力、构建中华民族共同体、推进民族复兴大业具有重大意义。在文化自信视域下，孝文化传播理应上升为国家战略传播的一部分，成为传承和发展中华优秀传统文化的一项重要文化工程。

一、自暴自弃：孝文化传播面临文化不自信挑战

在中华传统文化里，以儒家孝文化为代表的主流意识形态，其背后有宗法家族制度和王朝帝国制度作为建制化的保障；然而，随着近代中国传统社会结构的崩溃，王朝帝国制度的解体和宗法家族制度的式微，从根基上动摇了儒家意识形态的社会建制。近代，中国沦入"半殖半封"后，中华文化自信开始崩溃。随后，新文化运动使得传统文化在"民主与科学"的大旗下受到冲击。当今，传统文化面临的挑战，一方面来自外来文化的进入，另一方面来自传统文化的流失。同样，孝文化传播与传承也遭遇文化不自信的挑战。一些人对孝文化传播的抵触，某种程度上是自我糟蹋、损害、鄙视、嫌弃的自暴自弃，反映的是对孝文化的不自信，主要表现为"割裂时代的否定""盲目西化的排斥""价值犹豫的质疑"。

（一）割裂时代的否定

任何文化的形成有其历史渊源和时代背景，对传统文化的批判不能没有历史性分析和时代关联的整体思维，孝文化也不例外。割裂时代地否定

---

① 新华网.习近平提出，坚定文化自信，推动社会主义文化繁荣兴盛 [EB/OL].（2017-10-18）[2022-05-01]. http://www.xinhuanet.com//politics/19cpcnc/2017-10/18/c_1121820800.htm.

孝文化，是文化不自信的表现之一。

一种观点认为，"古代中国历史几乎没有现代意义，过于沉迷于中国古代甚至近代历史中是极其不健康的，很容易让我们闭目塞听、固步自封，我们应该少一点中国历史，多了解世界文明"①。此观点强调了"开眼看世界"的重要性，却轻视了中国历史和传统文化的意义。"了解世界"固然重要，但"立足中国"更不容忽视。如果没有对中国国情的基本把握，何以更好地解决中国的实际问题？如果不能立足中国看世界，何以用世界眼光去开拓中国未来？对历史、传统与国情的忽视是文化不自信的表现。而对孝文化不自信的观点则认为："孝文化是忠顺文化，就是奴才文化，孝文化熏陶、培养出来的是'弯腰曲背低眉顺眼'的奴才，成为中国人的精神枷锁。"②另外，网转热文《著名导演李安，为什么我不要孩子孝顺？》，其中也表露出对孝文化的不自信，文中虽然肯定了现代教育中父母对孩子的慈爱，但却否定了子女对父母的孝顺；作者只看到"孝顺"是单向付出的回报易"奴化"，而无视孝文化倡导"上慈下孝"的双向互动。其实，"上慈下孝"与现代社会主张的"责任与义务"对等如出一辙。假如不要"孝顺"，在父母庇护下的子女没有孝老养老的责任，也就难有自立自强的压力与动力，结果只会增添越来越多的"啃老族"与不懂感恩的"巨婴"③。

《孝经》是孝文化的经典著作，对孝的阐释并非"奴化"，相反展现出父子人格平等的现代性一面。"《孝经》虽然强调孝道，强调父子之间的秩序等级，但'天地之性人为贵'一句明确了人之为人所共同享有的尊贵地位；并且，在父母生育子女这个事实之外，还设定了'为人者天'的理论，为父子平等留出了空间，节制了父权的过度扩张。"④孝文化成于封建时代，

---

① 唐世平. 太沉迷于中国历史会导致闭目塞听 [EB/OL]. (2019-08-14) [2022-05-01]. https: // zhuanlan.zhihu.com/p/78180514.
② 李钟琴. 孝文化实是奴才文化 [J] 时代教育，2008（9）：14.
③ 网易. 中国式巨婴，到底有多可怕？ [EB/OL]. (2021-11-18) [2022-09-21]. https://www.163. com/dy/article/GP37KRDM05446OPH.html.
④ 林觉.《孝经》对父权的限制：天地之性人为贵 [EB/OL]. (2018-05-04) [2022-05-01]. https: //foxue.qq.com/a/20180504/019110.htm.

固然有其糟粕的一面，但其精华部分在古代社会的"孝治天下"中得到充分体现，依然可供现代社会治理借鉴。脱离历史批判孝文化，是割裂时代否定孝文化的偏见，"弘扬孝文化、推进现代化"才是我们对待孝文化应有的态度。

（二）盲目西化的排斥

21世纪的全球化浪潮席卷社会生活的各个领域，文化首当其冲地受到冲击。全球化为世界各国的文化传播、交流、互鉴打开了方便之门，同时在外来文化的冲击下，中国孝文化传播遭遇盲目西化的排斥，也是文化不自信的表现。

防止文化领导权的丧失，是我们今天面临的挑战。1945年，在意识形态领域，美国的艾伦·杜勒斯在针对苏联发表的一篇演说中讲道："战争将要结束，一切都会有办法弄妥，都会安排好；我们将倾其所有的黄金，全部物质力量，把人民塑造成我们需要的样子，让他们听我们的……我们要把布尔什维克主义的根挖出来，把精神道德的基础庸俗化并加以清除；我们将以这种方法一代接一代地动摇和破坏列宁主义的狂热；我们要从青少年抓起，要把主要赌注押在青少年身上，要让他们变质、发霉、腐烂；我们要把他们变成无耻之徒、庸人和世界主义者，我们一定要做到！"[①]从中可见，意识形态的博弈被西方霸权主义者悄然植入"文化殖民"中：从娃娃开始，腐化"他者"国民道德，"瓦解'他者'民族文化根基，削弱'他者'文化主权意识，从而实现世界文化西方化、西方文化普世化，形成西方式的一元文化体系，将世界永久置于西方的统治之下"[②]。倘若对本国本民族文化不自信，极易导致文化领导权的丧失，落入文明的"陷阱"中。观今日现状，"中国的文化传统正在式微、衰落，经济、交通、信息传播比较发达的城市，是受到全球化深刻影响的地方，人们说英语、吃西餐、

---

① 闫光宇.如何"操控意识"（节选）——揭秘美国中情局意识形态渗透大法！[EB/OL].
（2017-12-29）[2022-09-21].https: //weibo.com/ttarticle/p/show?id=2309404190241283041854.
② 陈曙光，李娟仙.西方国家如何通过文化殖民掌控他国[J].红旗文稿，2017（17）：23-25.

过洋节，习惯了西方生活方式，以跟从西方习俗为时尚；与之相对，还没有被全球化波及的农村、少数民族等地区，依然保留着一些民俗化的传统，但这样的地方正越来越少"①。以蕴含孝文化的节日为例，人们热衷于西方的"父亲节""母亲节"，却不知"中国曾经的父亲节是每年公历 8 月 8 日，纪念在战争中为国捐躯的爸爸们"；人们热衷于西方的"圣诞节"，却忽略了中国"春节""中秋节"等节日回家看望父母的行孝意义。过度地跟风、盲从西方文化，却丢失了我们自身的文化传统，是文化不自信的表征。

网络热转《瑞士用"时间银行"养老，真的太赞了》，文章里介绍的"时间银行"养老，是瑞士社会保险机构推出的一个养老项目，当你退休后身心健康时可以花时间去帮助生活不能自理的老人，社会保险机构存入你助人养老的服务时间，当你老了不能自理时，可以从"时间银行"里取出这些时间及其利息，社会保险机构派义工上门为你提供养老服务。西方现代的养老制度，好的经验值得借鉴学习本无可厚非，但因此而否定中国现阶段的养老制度，排斥孝文化在养老中的补充作用，是对孝文化不自信的表现。有种论调认为"中国政府征着几乎是全世界最高的税，却不愿意承担最起码的养老责任，在养老问题上居然出台《老年人权益保障法》，用孝道绑架年轻人，把本该属于政府的责任大部分推给年轻人，这是非常不负责任的行为"。此论调本身就是不负责任的言论：其一，"中国不是全世界税收最高的国家"②；其二，各国国情不一样，西方养老制度再好但不一定适合中国国情，适合中国的养老制度才是好的制度，西方养老制度的经验可作为我们养老制度改革的参考，但不是全盘照搬；其三，孝文化载入《老年人权益保障法》是我国养老制度的文化优势，物质养老和精神养老同样重要，物质养老是基本，精神赡养是更高层次的要求，西方养老制度再好，解决的主要是物质养老的问题，没有子女的孝敬与陪伴，精神养老几乎为零，

① 许纪霖. 优美是否离我们远去 [M]. 北京：生活·读书·新知三联书店，2018：72-78.
② 搜狐网. 你错了，中国不是全球税种最多、税率最高的国家 [EB/OL]. (2017-01-16) [2018-10-18]. https://www.sohu.com/a/124415689_493826.

甚至影响到最基本的物质养老。周磊和卢晓玲夫妇在美国的遭遇，就是中西文化差异造成的养老悲剧，儿媳完全被西化后的"不孝"，导致公爹失控向儿媳举起屠刀。2015 年，宾夕法尼亚州马哈诺伊城 77 岁的拉特肖被发现死于家中，她儿子约翰及其女友被控没有及时将拉特肖送去就医而犯下三级谋杀罪，法庭文件显示约翰在 2014 年将母亲接出了养老院，拉特肖每月 1200 美元的社会保障金就落入了儿子手中。另据美国《赫芬顿邮报》报道，2010 年，鲁比由于无法行动、痴呆和孤立无援被困在床上，在死前的几个星期，她不断地呻吟、哀求、哭喊着"救命"，可邻居把窗户紧紧关上，儿子怀斯则不耐烦地戴上了耳塞，鲁比被发现去世时全身多处腐烂，好几处露出了骨头，西雅图检察院指控怀斯谋杀母亲[1]。而在我国，如"80 岁老人孤死家中，5 子女被判刑"[2]，孝养父母已被纳入法治，蕴含着悠久的中华传统。

《百年孤独》是哥伦比亚作家加西亚·马尔克斯的代表作，描绘了布恩迪亚家族七代人的传奇故事以及这个家族的孤独。家族中的父子、母女、夫妻、兄弟姐妹之间没有感情沟通，缺乏信任和了解，尽管很多人为打破孤独进行过种种艰苦的探索，但由于无法找到一种有效的办法把分散的力量统一起来，最后均以失败告终，这种孤独不仅弥漫在布恩迪亚家族，而且成为阻碍民族向上、国家进步的一大包袱；这个古老的家族也曾经在新文明的冲击下，努力地走出去寻找新的世界，尽管有过畏惧和退缩，可是他们还是抛弃了传统的外衣，希望融入这个世界，可是外来文明以一种侵略的态度来吞噬这个家族，于是他们就在这样一个开放的文明世界中持续着"百年孤独"。在全球化浪潮下，盲目西化而排斥孝文化，我们应警惕陷入西方文化霸权下的"百年孤独"中，应正确处理好本土文化与外来文化的关系。

---

① 陈洪忠. 孝老敬老何时走向法治化？[EB/OL].（2018-06-15）[2018-10-18]. http://www.mzyfz.com/cms/benwangzhuanfang/xinwenzhongxin/zuixinbaodao/html/1040/2018-06-15/content-1342373.html.

② 上游新闻. 四川 80 岁老人孤死家中，5 子女被判遗弃罪获刑 [EB/OL].（2018-09-16）[2022-09-21].https://www.cqcb.com/headline/2018-09-16/1093602_pc.html.

从老人"百年孤独"中也可见，无论中国还是西方，子女对父母"不孝"，都是现代文明发展中为法律所不容的。孝养父母，以法治作为传承孝文化的制度保障，是我国不同于西方养老制度的优越性，切不可简单西化。

（三）价值犹豫的质疑

社会文明发展在传统与现代之间从来都不是孤立的，"弘扬孝文化、推进现代化"是我们对待孝文化应有的态度。但在中华民族伟大复兴中，孝文化能否适应当代中国发展的需要？对孝文化的不自信，导致"价值犹豫的质疑"。

"传统中国是一个礼治社会，儒家礼治符合那个时代的标准社会秩序；宋明以后，儒家礼治的基本命题是'内圣外王'，其中一个是与个人安身立命有关的信仰意义问题，另一个是由个人修身推导出来的社会秩序安排的问题；按照儒家道德理想主义的规划，当社会中的君子都以道德的自觉修身养性，并由己而外推，一步步将仁义原则扩大到家族乃至国家、天下，不仅个人获得了生命和宇宙的永恒意义，而且也将实现圣人所期望的礼治社会；然而，西方列强的侵略迫使中国人睁眼看世界，接受了现代国际观念，从而使得原来的文化认同、对自我的认知发生了很大的颠覆，'内圣外王'的道德理想主义到 20 世纪初发生了严重的危机，主要表现为'公民道德危机和社会秩序危机'两个层面；在西方文化的冲击下，传统中国的社会文化秩序全面解体，如何建立一个'自由、平等、公平、正义'的社会新秩序，成为转型中国的社会重建首要目标。"①传统礼治与现代法治的冲突，本土文化与外来文化的冲突，双重冲击下的孝文化面临价值、意义质疑与现代转化的挑战。

中国传统社会伦理秩序中的"五伦"，主要指君臣、父子、夫妇、兄弟、朋友之间的道德关系。孟子认为："父子有亲，君臣有义，夫妇有别，长幼有序，朋友有信。"（《孟子·滕文公上》）即"父子之间有骨肉之亲，

---

① 许纪霖.现代中国的二种危机与三大思潮 [EB/OL]. (2018-05-16) [2018-10-18]. http://www.hybsl.cn/beijingcankao/beijingfenxi/2018-05-16/67611.html.

君臣之间有礼义之道，夫妻之间挚爱而又内外有别，老少之间有尊卑之序，朋友之间有诚信之德"，"五伦"关系在今天面临的挑战，突出表现为蕴含孝文化的"父子""君臣"关系的重构与定义。"齐景公问政于孔子。孔子对曰：君君，臣臣；父父，子子。公曰：善哉！信如君不君，臣不臣，父不父，子不子，虽有粟，吾得而食诸？"（《论语·颜渊》）这句话大意是：齐景公问孔子如何治理国家，孔子说："君要像君，臣就会像臣；父要像父，子就会像子。"齐景公回答说："对呀！果真如国君不像国君，大臣也跟着不像大臣，父亲不像父亲，儿子也跟着不像儿子。即使有粮食，我能吃得上吗？"孔子所说的"君君臣臣，父父子子"，应理解为："君要像君，臣就会像臣；父要像父，子就会像子。"后人歪曲了孔子的本意，认为"君叫臣死，臣不得不死"，使得淳朴自然的夫子之道蒙上了政治奴性的意味，成为后世诽谤诟病儒学的借口，"五伦"的现代价值因而受到批判和质疑。受西方文化影响，特别是受逐利拜金主义的不良影响，社会伦理和道德出现失序和失范的危机。民国时期，在民间流传的几句歌谣描述了当时的社会现状："当今君子去偷牛，文武官员爬墙头，公公拉着儿媳手，儿子打破老子头""君不君，臣不臣，父不父，子不子。"对比现在，大量"啃老族"和"巨婴"的出现，也是"父不父，子不子"的例证。

面对社会伦理失序、道德失范，立足中国用传统文化来补充我们现代社会的治理，已刻不容缓。当下，道德沦丧成为经济社会发展的绊脚石，"从假烟假酒假文凭，到假账假证假报告；从关系百姓民生的毒米、毒酒、毒奶粉，到影响产业财经的基金黑幕、股市造假、证券骗局，我们还可以听到假球、黑哨、兴奋剂，听到论文抄袭、学术失范……凡此种种，不一而足，在功利目的的驱动下，社会生活的各个领域都会漫生出道德缺失的丑陋与罪恶，传统文化里留下来的美德被不断糟蹋"①。"假疫苗风波"再一次将对社会道德的信心推到风口浪尖，人们甚至怀疑社会是否进入"互害"模

---

① 知乎.道德沦丧阻碍当前经济发展 [EB/OL].（2022-02-15）[2022-09-21]. https: //zhuanlan. zhihu.com/p/467818047.

式，从中暴露出由于道德缺失造成的人性危机、伦理失序的危机。"五伦"是传统社会处理人际关系、构建伦理秩序的道德规范，"五伦"失范导致的伦理失序，归根结底是对孝文化不自信造成的恶果。尽管"君臣"一伦虽已消解，但现代社会仍有干群关系，可以转化为同事间的上下级关系。"百德孝为首，孝是德育之源，是一切人伦关系得以展开的精神根基和实践起点，孝文化建设是伦理秩序构建的基本内容和重要保障。"①重拾对孝文化的自信，进行合理的价值利用，对于加强当代公民道德建设、构建伦理新秩序、促进和谐社会发展有着重要的意义。

二、自知自觉：孝文化传播应有的文化自信来源

割裂时代地否定孝文化，盲目西化地排斥孝文化，因对其价值犹豫而质疑孝文化，上述种种对孝文化的不自信，带来潜在的危机：道德缺失下国民人性沦落成灾，伦理失序下社会治理难度加大，文化冲突下国家安全受到威胁。面对这些挑战，迫切需要重建文化自信。文化自知是对文化的自我了解、自我认识和深入领悟；"文化自觉是对文化的自我觉醒、自我反思和理性审视，是指生活在一定文化历史圈子中的主体对自己的文化应该有自知之明，既清楚长处也了解短处，同时也要了解和认识其他文化，处理好本土文化与外来文化的关系"②。没有文化自知，就谈不上文化自觉；没有文化自觉，就不可能有文化自信。"文化自信源于文化自觉，文化自觉又源于文化自知。"③增强对孝文化的自信，既要了解孝文化的历史传统，同时又要审视孝文化的当代意义与世界价值。传播孝文化是由文化自知走向文化自觉、进而走向文化自信的重要途径。孝文化传播应有的文化自信底气，来源于孝文化的历史经验、当代价值与世界智慧。

---

① 陈朝晖.伦理秩序建构下孝文化建设的基本原则 [J].文化发展论丛，2014（2）：94-98.
② 张友谊.从文化自觉到文化自信 [N].光明日报，2017-11-29（11）.
③ 高艺宁.孔子研究院院长杨朝明：文化自信源于文化自知 [EB/OL].（2017-11-22）[2018-10-18]. http://news.cnr.cn/native/gd/20171122/t20171122_524035675.shtml.

（一）"孝治天下"的历史经验

百善孝为先，孝是儒家最基本的人际关系，被认为是人的最重要情感。孝文化是中华五千年文化的积淀，造就了民族共同的人生哲学，是中华文化的文化根脉、文化基因与主流传播价值观，是中华民族生生不息、发展壮大的精神滋养。中华孝文化的历史经验，是孝文化传播的文化自信之源。

"作为四大文明古国之一，中国文化历来占据世界重要地位，素为世界各国所礼赞；近代以来，随着中国屡遭侵略及国家地位的下降，在西方中心论的裹挟之下，中国文化在国际文化舞台上日益沦落到'妾身未明'的境遇，甚至被视为不合时宜的糟粕，似乎应随着现代文明的崛起而被埋葬……遭受各种奚落和指责；文化自信的提出，是十八大以来最为重大的思想史和文化史事件，这意味着困扰中国近一百多年来的文化自卑情结终于走到了终点"。①人类历史上有过四大古文明：巴比伦文明（两河流域文明）、埃及文明、印度文明和中华文明，唯有中华文明没有中断过发展，其他文明或消失或中断，留存至今比较完整的只有中华文明，中华文化历经磨难却经久不衰，这说明在传承力上中华文化有自己的优势和魅力。中华文化史就像"沙漠中绽放的玫瑰"，回首过去，你总能在风云变幻的岁月沧桑中发现它的惊艳之处，那就是中华文化的历史价值。对自身文化有足够定力的价值认同，对文化传承的能力与前景充满希望，这就是文化自信。孝文化是中华文化的根基与精髓，其历史价值绕不开"孝治天下"的理念。

俗有"半部论语治天下，一部孝经安天下"之说，从孔子创立儒学开始，到秦汉时期的《孝经》成书，再到汉魏隋唐时期的"以孝治天下"，孝文化由原来的家庭伦理规范上升为治国安邦的指导思想，孝文化成为社会治理的重要思想源泉。"子曰：'昔者明王之以孝治天下也'，'孝治天下'这一理念最初的依据就是来自《孝经·孝治章》，在孔子的追溯中，上古时代的圣明天子就已经开始用'孝'来治理天下了；《孝经·天子章》对'天

① 王学典. 世界儒学研究中心重返中国大陆：十八大以来儒学变迁之大势 [N]. 中华读书报，2017-12-16.

子之孝'做了这样的解释：'爱敬尽于事亲，而德教加于百姓，刑于四海'，意思是说，天子能够竭尽爱敬之心侍奉自己的父母，那么道德教化也就会施及百姓，成为天下人效法的典范……'孝治'最核心的内容其实是，在孝亲的宏观目的下，通过一种妥善的政治治理，让从天子到平民的每一层级之人，都扮演好自己在政治生活中的角色。"①若每个人在社会建构中都尽到自己的本分，社会秩序自然安定顺畅。

"夫孝，德之本也，教之所由生也。"（《孝经·开宗明义章》）孝文化是一种道德教化，从修养品性开始，重点解决的是社会伦理秩序的问题，进而达到"修身、齐家、治国、平天下"的目的。在现代化进程中，中国的社会治理主张"德治"与"法治"结合，"孝治天下"的历史经验对于"德治"依然可供借鉴。

（二）"民族复兴"的当代价值

据"中华孝文化研究网"统计发现，近年来孝文化传播有"三多"：孝文化团体组织越来越多，孝文化主题活动越来越多，孝文化传播媒体与平台越来越多，这说明孝文化的当代传播有推动力量、群众基础和肥沃土壤。中华孝文化在社会发展的诉求中体现出其当代价值，是传播孝文化的文化自信之基。

国家实力是硬实力与软实力的综合考量，如果说硬实力是经济、军事、科技等有形的物质力量，那么软实力主要是指文化的感召力和无形影响力，"是指一个国家不必采取强制手段，能让其他国家按照自己的意志行事的能力；在建国初期，在整个的帝国主义包围的过程中，中国之所以能够打破帝国主义的封锁，主要就是有得道多助的文化软实力"②。作为一个世界性大国，中国的崛起要靠经济、军事、科技这些硬实力，同时也要靠与军事、经济、科技发展相匹配的文化软实力。正是基于对中华优秀传统文化

---

① 林觉.《孝经》古代天子如何教百姓行孝？[EB/OL].（2018-04-26）[2022-05-01]. https://foxue.qq.com/a/20180426/027384.htm.

② 韩毓海.当今中国面临的三大危机！[EB/OL].（2016-06-05）[2022-05-01]. http://m.wyzxwk.com/content.php?classid=13&cpage=0&id=365092.

的自信，"近年来教育部加大优秀传统文化教育覆盖范围，建议从幼儿园、小学、中学到大学，把优秀传统文化进校园作为固本工程和铸魂工程来抓，让青少年从中华优秀传统文化中发现文化之美、汲取营养、找到动力，将文化自信自植于心，并潜移默化受到影响，凝聚起为实现中国梦而奋斗的强大力量"①。

实现中华民族伟大复兴，是中国近代以来最伟大的梦想。党的十九大报告明确指出，"全党要更加自觉地增强道路自信、理论自信、制度自信、文化自信，……始终坚持和发展中国特色社会主义"。"四个自信"是开辟新时代中国特色社会主义事业发展新局面、提高国家综合实力的精神动力。"道路自信指明了中国梦的实现方向，理论自信为中国梦提供理论指引，制度自信为中国梦提供根本保障，文化自信为中国梦提供原动力"。②其中，文化自信在"四个自信"中起决定性作用，文化自信是道路自信、理论自信与制度自信的基础，是实现中国梦的重要精神支撑。孝文化是中华文化的集大成者，是中国特色社会主义文化植根的沃土，是涵养社会主义核心价值观、推进公民道德建设工程、完善中国养老制度、促进和谐社会建设的重要文化资源，是坚定文化自信的坚实根基和突出优势，对于中华民族的伟大复兴具有深远意义。

"当下中国，由于信仰缺失，精神弱化，导致摩擦和冲撞大量产生，民众的幸福指数并未与经济发展同向同步，甚至反向运动，这已经成为中国梦的最大羁绊，我们需要让灵魂跟上发展的脚步。"③传播、传承与弘扬孝文化，是增强文化自信、实现中华民族伟大复兴的中国梦的重要内容。应以孝文化自信开启文化复兴之路，以文化复兴助力中华民族复兴大业。

---

① 环球网.17名政协委员联名提案推动经典进校园：增强学生的文化自信 [EB/OL]．（2018-03-12）[2022-05-01]. https://baijiahao.baidu.com/s?id=1594699146099429652&wfr=spider&for=pc.
② 周竞风."四个自信"为中国梦注入强大动力 [J]. 人民论坛，2017（31）：30-31.
③ 360图书馆.公方彬教授：精神缺失已成中国进步的最大制约因素 [EB/OL].（2018-07-24）[2022-05-01]. http://www.360doc.com/content/18/0724/22/42138236_772975311.shtml.

（三）"天下大同"的世界智慧

崛起的中国已走向世界舞台，中国智慧可能成为未来全球发展的重要力量。在全球化趋势下，世界文化处于各种文化相互交流、交融、交锋的格局，"西方国家已经认识到自身文明的不足和未来各大文明互鉴共融的趋势，愈发重视来自东方中国的传统文化智慧"①。在世界文化激荡中，中华孝文化解决人类问题的智慧不仅影响着中国，还影响着世界，是传播孝文化的文化自信底气。

中华民族虽历经磨难却依然生生不息，中华文化蕴含的智慧功不可没。"中华优秀传统文化不仅是我们中国人自己的财富，不仅影响和推动了中华文明的发展，而且早已走向世界，成为世界文化的重要组成部分和人类共同的精神财富，为整个人类文明进步作出了不可磨灭的重大贡献，特别是其中蕴含的智慧，越来越受到国际社会的认可，基于此而形成的'孔子热''中国文化热'经久不息。"②孝文化是中华优秀传统文化的精髓，对解决人类问题具有重要价值。孝最初的含义为"善事父母"，而"老吾老以及人之老，幼吾幼以及人之幼"（《孟子·梁惠王上》）则是孝的内涵升级与外延拓展，孝文化于是有了"天下为公"的精神与思想。应从孝的内涵与外延出发挖掘孝文化的价值，中华孝文化的世界智慧主要体现在促进"家庭和睦、社会和谐、世界大同"的价值上，是中华文化屹立于世界文化之林的一张靓丽名片与深厚软实力。

孝文化是民族的也是世界的，对于促进"家庭和睦、社会和谐、世界大同"有哪些世界智慧的启示呢？其一，孝亲敬老是人类自觉遵守的社会规范与人性准则。"哈佛一项历时 76 年的研究，告诉我们一个关于幸福生活的结论：人活着是需要精神慰藉的；一旦物质需求被满足，财富对幸福影响不大，真正起决定作用的是亲密关系，尤其在 80 岁之后，如果你依然可以感

---

① 梅黎明. 大格局大视野中的井冈山 [M]. 南昌：江西高校出版社，2017: 22-23.
② 高长武：中华优秀传统文化的价值和意义 [EB/OL]. (2018-09-03) [2022-05-01]. https: // www.sohu.com/a/251635196_425345.

到自己有可以依赖的人，那么你就能拥有更健康的大脑和更幸福的晚年生活。"①这项研究表明，孝文化能增强家庭成员的亲密关系、促进家庭和睦，孝文化是解开人类幸福的密码。比如"美国'十大排行榜'网站刊文登出，子女最该为父母做的 10 件事，成为美国'十大孝顺'标准"②。其二，孝文化产生于农耕文明，讲究人际关系的合作与和谐，带有普适性的精神价值，"和谐社会需要和谐文化，和谐文化最典型地表现为孝文化，孝文化的原点在家庭，而家庭是社会的细胞，以孝文化体现的家庭和谐是社会和谐的基础"③，"小孝持家、中孝敬业、大孝爱国"是构建和谐社会的社会治理智慧。其三，天下大同，指人类最终可达到的理想世界，代表着人类对未来社会的美好憧憬，是古代儒家宣扬"人人为公"的理想，主张"四海之内皆兄弟"。"孝"从家庭美德延伸至社会公德，由"私德"扩大为一种"博爱"，形成了与人为善的处世哲学，突出了"以人为本"与"以和为贵"的价值理念，对于世界和平、建设人类命运共同体的"世界大同"具有积极意义。

"命运共同体"是我国政府倡导的关于人类社会发展的新理念，孝文化最早体现以人为本的人文精神，在构建人类命运共同体中孝文化已影响世界。例如："法国男子托马斯爱上中国文化，行万里路来武当山隐居，认同中国孝文化"④；在美国的唐人街有中华孝文化的牌坊和标志，在马来西亚有孝恩孝义基金会。在全球化趋势下，中国孝文化将同世界各国文化一道，为人类命运共同体的建设提供中国的"世界智慧"。

三、自尊自强：增强文化自信的孝文化传播战略

"战略传播是美国在公共外交基础上提出的新概念，即'美国政府集

① 这张刷屏"恐怖的全家福"暴露中国最大的危机？[EB/OL].（2017-05-18）[2018-10-18]. https://news.ifeng.com/a/20170518/51114963_0.shtml.

② 生命时报.美国十大孝顺标准 [EB/OL].（2014-01-14）[2018-10-18]. http://health.sina.com. cn/hc/m/2014-01-14/0952121032.shtml.

③ 陈昆满.弘扬孝文化 构建和谐社会 [J].理论月刊，2007（2）：45-46.

④ 楚天都市报.法国男子从万里之外来武当山隐居 认同中国孝道文化 [EB/OL].（2015-07-14）[2018-10-18]. http://hb.sina.com.cn/news/j/2015-07-14/detail-ifxewnih2261151.shtml?from=hb_ydph.

中努力来理解并接触关键受众，通过国家权利机构各部门协调一致的信息、主题、计划、项目和行动，来创造、强化或维持有利于美国国家利益和目标的整体持续的行动过程'，'9·11'以后，美国政府围绕领土安全、经济安全、文化和意识形态安全以及美国主导下的国际秩序与规则，开始全面调整国家安全战略，调整的重要内容之一，就是明确提出'国家战略传播'的概念，并对国家战略传播体系进行系统研究和全面布局。"①我国在经历"站起来""富起来"前两个阶段后，正迈向"强起来"的发展阶段，为使文化发展跟上经济发展的步伐，国家提出建设社会主义文化强国的战略，从文化自尊、文化自强走向文化自信。"传统文化传播为增强文化自信提供重要的文化保障"②，孝文化传播迫切需要上升到国家战略的高度加以重视，"国家战略传播"这一概念为孝文化传播的传播理念、传播实践、传播管理等提供了启示与借鉴。

（一）孝文化传播理念：面向"三来三化"

如何客观对待孝文化、如何处理好孝文化与现代化的关系、如何处理好孝文化与外来文化的关系，这些问题是传播孝文化、增强文化自信的重要思考内容。

孝文化传播理念是传播孝文化的指导思想和基本原则，面对上述问题，孝文化传播的理念概括起来主要是"三来三化"，即"不忘本来中国化、吸收外来全球化、面向未来现代化"。

1. 不忘本来中国化

即立足于孝文化的本土价值进行孝文化传播，发挥孝文化在适应中国发展中的文化自主作用。其一，要区分孝文化的精华与糟粕，坚持批判地扬弃和继承的态度，取其精华，去其糟粕，古为今用，推陈出新……传统孝道渗透于社会生活的方方面面，成为中国传统社会处理人际关系、家庭关系的依据，但孝道具有时代性，其内涵和行孝方式随着时代的变化而变化，

---

① 程曼丽. 国家国际传播能力建设需具备战略视野 [N]. 光明日报, 2015-7-21 (7).
② 刘宇, 周建新. 文化自信视域下传统文化资源的出版创新 [J]. 出版广角, 2020 (17): 17-19.

如"埋儿奉母""父母在不远游"等愚孝已不合时宜,要辩证地看待孝文化,传播与弘扬富有时代内涵的孝文化。其二,要客观看待孝文化的中国价值,孝文化是中华民族的文化基因和精神家园、是中国特色社会主义植根的文化沃土、是治国理政的重要思想文化资源,对这些价值的把握有利于在世界风云中坚守文化发展的中国化立场。其三,对外来文化要予以中国化吸收,"需要警惕和重视的是,西方一些发达国家总是借着开展经济、政治、文化等领域交流的名义,趁机兜售其文化和价值观念,宣扬和鼓吹'西方文化优越论'和'普世价值',刻意打压和消解包括中国在内的发展中国家的文化自信,实现以文明交流超越文明隔阂、文明互鉴超越文明冲突、文明共存超越文明优越的任务非常艰巨"[1],在此形势下,孝文化传播要坚持不忘本来中国化的原则。

2.吸收外来全球化

即立足于孝文化与外来文化交融互鉴进行孝文化传播,发挥孝文化在全球化进程中智慧贡献的作用。孝文化先是"本土化"而后才是"全球化",孝文化传播要防止两个极端,既不能盲目否定地全盘西化,又不能盲目自大地全盘守旧,唯如此才能形成"自尊而不自傲、自豪而不自满、自信而不自负"的文化自信。中华优秀传统文化的强大生命力表现在其所具有的"兼收并蓄"的显著特色。公元5世纪时,北魏孝文帝推动的文化交融,是中华文化史上一次伟大的"全球化"。孝文帝在促进民族文化大融合后,"拜印度文化、希腊文化、波斯文化、巴比伦文化为老师,吸收外来文化精华融入中华文化,中华文化因文化交融走向健全、平衡、强大"[2],迎接了一个盛唐的到来。从中可见,吸收外来文化为我所用,使文化生成新的特色、焕发新的生命力,是增强文化自信的一个规律。为此,在全球化进程中,孝文化传播战略应走"和而不同"的道路,一方面坚定文化自信"各美其美",

① 望智库.历劫不死的中华文明,一口气读完 5000 年世界史 [EB/OL].(2017-08-14)[2022-05-01]. https://news.china.com/shendu/13000808/20170814/31090530.html.

② 高长武.中华优秀传统文化的价值和意义 [EB/OL].(2018-09-03)[2022-05-01]. https://www.sohu.com/a/251635196_425345.

另一方面吸收外来文化"美人之美",从而实现世界文化繁荣的"美美与共"。

3. 面向未来现代化

即立足于孝文化创造性转化、创新性发展进行孝文化传播,发挥孝文化在现代化建设中的文化强魂作用。"背靠悠久的文化传统,面对未来的宏伟蓝图,在过去一百年中西文化冲突较量融合的基础之上,人们越来越意识到传统文化的魅力和能量,如何在新时代对传统文化进行创造性转化和创新性发展,以实现'使中华民族最基本的文化基因与当代文化相适应、与现代社会相协调'的目标,成为摆在中国面前的一项重要课题。"①创新是文化生命活力的源泉,也是文化自强自信的根本动力,当代孝文化传播,需要面向未来发展,对孝文化进行"创造性转化、创新性发展",总体要求"弘扬孝文化,推进现代化"。孝文化创造性转化和创新性发展,有三个重点:其一,孝文化与其他优秀传统文化、社会主义先进文化、革命文化相结合,以新时代中国特色社会主义思想为引领,赋予孝文化符合新时代要求的新内涵,通过马克思主义的扬弃、改造,实现孝文化的现代化转变;其二,实现孝文化的传统伦理价值向现代主流价值体系转化,以孝文化涵养社会主义荣辱观、核心价值观,服务于中国特色社会主义事业和民族复兴;其三,传播与弘扬孝文化,重视孝文化在德治中的传统价值,但是也要注意处理好"孝治"与现代法治相辅相成的关系,使孝文化与现代化建设相协调。

（二）孝文化传播实践:融入百姓生活

"文化自信源于文化自觉,文化自觉源于文化自知",从文化自知、文化自觉到文化自信,一个关键因素是文化认同,没有文化认同就没有文化自信的基础。孝文化传播融入百姓生活,是获得孝文化认同、进而增强文化自信的重要途径。如何为孝文化之"魂"重建现代社会认同之"体",孝文化传播实践重在"三融入":融入风俗礼仪、融入敬老养老、融入文娱游学。

---

① 师力斌. 传统文化该如何对话现代文明 [N]. 环球时报, 2018-6-11 (15).

1.融入风俗礼仪

即将孝文化传播融入风俗礼仪中，重在孝文化的仪式传播。风俗被认为是特定区域、特定人群沿革下来的风气、习俗的总称。"风俗"的概念在我国最早见于《礼记·王制》，广泛应用于汉代，之后出现了众多记录和研究风俗的文史资料，其中反映出风俗对人类社会起着潜移默化的文化规范和影响作用，可见风俗承载着文化传播的功能。风俗中的孝文化传播，体现出孝亲敬老的优秀中华传统，主要表现为以下几种类型：节庆风俗的孝文化传播、婚礼风俗的孝文化传播、葬祀风俗的孝文化传播。孝文化传播融入风俗中，具体以各种礼仪表达出来，给人以一种仪式感的孝文化熏陶。节庆风俗的孝文化传播，如春节给长辈拜年、中秋节给父母送节礼等礼仪；婚礼风俗的孝文化传播，如婚礼中拜高堂（父母）、敬茶（新娘给公婆敬茶改口"爸妈"）、回门（新郎陪同新娘回娘家看望父母）等礼仪；葬祀风俗的孝文化传播，如丧葬中披麻戴孝、祭祀中的"设灵、圆坟、做七、馨香、除灵"等礼仪。子曰："生，事之以礼；死，葬之以礼，祭之以礼。"（《论语·为政》孟懿子问孝）风俗礼仪通过仪式表达着孝观念与孝方式，生动地传播着孝文化。

2.融入敬老养老

将孝文化传播融入敬老养老中，重在孝文化的感应传播。敬老是精神上的孝，养老是物质上的孝，孝文化传播融入敬老养老实践中，贵在营造关心关爱老人的社会氛围，起到孝文化的感应作用。关心老人的精神世界，让长者有尊严地变老，反映的是一个社会文明进步的标志和道德风尚的指向标。据史书记载："周朝每年都大规模地举行一二次'乡饮酒礼'，其目的是'正齿位，序人伦，敬老重贤，息事端，敦睦乡里'；清朝的'千叟宴'更是为后人津津乐道，康熙帝69岁生日时，曾邀请全国70岁以上老人赴京应宴，参加者有2417人。"古人的"敬老宴"值得今人学习，在组织敬老活动中倡导尊老、爱老的社会风尚。"银发浪潮"提前来袭，老龄化趋势成为社会难题，在我国现代经济高速发展但国民尚未十分富裕的今天，"养儿防老"的传统养老文化正经受着前所未有的考验。特别是解决乡村养老问题仍然主要依靠子女，随着国家"乡村振兴战略"的实施，文化振兴是灵魂，文化养老被提上日程，乡村文化养老最重要的是孝文化养老。同时，无论在城市还是在乡村，"空巢老人"孤死家中的问题比较突出，子女陪伴养老送终需要孝文化的回归。

3.融入文娱游学

将孝文化传播融入文娱旅游中，重在孝文化的体验传播。孝文化建设，一方面要繁荣孝文化事业发展，在文化娱乐生活中弘扬孝文化；另一方面又要推动孝文化产业发展，在消费生活中传承孝文化。无论是孝文化事业，还是孝文化产业，孝文化传播最有效的途径是体验式传播，让大众在生活体验中真切地感知、领悟孝文化。在孝文化事业方面，须加强包括孝文学、孝艺术、孝影视在内的文艺创作，大力组织包括孝文化节、孝文化展演、孝子评选在内的群艺活动。在孝文化产业方面，重要的是将孝文化传播、传承、教育融入游学产业中。国家旅游局与文化部的文旅合部，是国家文化战略的问题意识体现。"百闻不如一见，百见不如一验"，增强孝文化体验与认同感，将孝文化传播融入游学产业中是未来趋势。"游学作为一种文化习得和传播途径已有久远的历史，作为文化、教育、旅游三者的交集，其兼具文化传播、知识养成、旅游形式的综合价值在国民教育方面得到了独特的体现。"①孝文化传播与教育是实现孝文化认同的重要途径，孝游学是以柔性方式进行孝文化教育的必要手段，将孝文化旅游资源转化为孝文化认同符号，在沉浸于游学体验中感受孝文化的魅力。

（三）孝文化传播管理：夯实体系建设

孝文化传播是一项系统工程，涉及方方面面。为此，孝文化传播管理需要系统思维，从整体出发，着眼全局、抓住要害，注重孝文化传播的体系建设，提升孝文化的传播力与影响力。增强孝文化自信，夯实孝文化传播体系建设，重在加强政策指导、完善组织机制、构建传播阵地。

---

① 杨晶.游学与香港青少年的国家认同 [N].中国旅游报，2018-5-29.

1. 加强政策指导

"2017 年 1 月 25 日，中共中央办公厅、国务院办公厅印发《关于实施中华优秀传统文化传承发展工程的意见》，这是执政党和中央政府第一次以中央文件形式专题阐述中华优秀传统文化传承发展工作，昭示着中华文化的全面复苏和新生，自此，传统文化复兴结束了民间自发的阶段，开始进入政府主导的新时期，传统文化的研究和传播因而告别了那种群龙无首、自由无序、泥沙俱下乃至泡沫横飞的状态，走上秩序化轨道。"①按照国家传统文化发展战略的要求，就孝文化传播而言，各级政府须加强政策指导，将孝文化传播作为实施中华优秀传统文化传承发展的一项重要工程来抓，并出台孝文化传播激励政策，对起到良好社会反响、在孝文化传播中涌现出来的先进机构和优秀个人予以表彰，营造全社会倡导、弘扬孝文化的文化氛围。

2. 完善组织机制

为使孝文化传播工作落到实处，各级政府须完善孝文化传播的组织机制，形成孝文化传播全国一盘棋。如何完善孝文化传播的组织机制？其一是"加强领导、健全组织"，孝文化传播在党的领导下实施国家、省、市、县、乡镇政府的层级管理，统筹安排、合理布局孝文化传播工作，特别是要健全乡镇孝文化传播的组织建设，不能让孝文化传播在乡村缺席；其二是"创新体制、整合机构"，与孝文化传播相关的有宣传部门、文化部门、政协文史委等，整合相关文化工作机构，成立孝文化传播工作委员会，统筹开展孝文化传播工作，理清孝文化传播工作思路；其三是"聚合力量，打造品牌"，孝文化传播的力量主要来自政府传播、媒体传播、民间传播三种传播力量的话语体系，实施政府传播主导、媒体传播倡导、民间传播引导，汇聚这三种传播力量，"同声合拍"地打造孝文化传播品牌。

3. 构建传播阵地

以阵地意识建设孝文化传播平台，构建孝文化传播阵地主要有三方面：

---

① 王学典.世界儒学研究中心重返中国大陆：十八大以来儒学变迁之大势 [N].中华读书报,
2017-12-16.

孝文化传播的学术平台、孝文化传播的教育平台、孝文化传播的媒体平台。孝文化传播的学术平台，如孝文化期刊、孝文化论坛等是孝文化研究成果发表的学术平台，也是利用研究成果传播孝文化的学术阵地。孝文化传播的教育平台，如孝文化馆、孝博物馆、孝艺术馆等，这些孝文化馆藏馆展，既是孝文化教育平台，也是利用孝文化展览传播孝文化的教育阵地。孝文化传播的媒体平台，既包括广播、电视、报刊等传统媒体，又包括基于网络技术出现的新媒体，是传播孝文化的媒体阵地。随着传播技术变革的日新月异，孝文化传播的媒体平台建设尤为重要。当前网络技术成为社会发展的基础支持，成为国家着重推进的战略新领域，孝文化的网络传播自然应成为文化传播战略的新领域，同时也要基于网络技术开展具有全球视野的孝文化传播，重视海外华文媒体联盟的传播阵地建设，参与全球性的敬老、爱老、养老、惠老议题，使孝文化传播在世界文化传播体系中占有一席之地。

以"孝德模范评选"传播社会主义核心价值观

2015年，习近平总书记在会见第四届全国文明城市、文明村镇、文明单位和未成年人思想道德建设工作先进代表时指出，"要充分发挥榜样的作用，领导干部、公众人物、先进模范都要为全社会做好表率、起好示范作用，引导和推动全体人民树立文明观念、争当文明公民、展示文明形象"①。"古圣先贤孝为宗，万善之门孝为基"，孝是立德之本，培育和践行社会主义核心价值观，可发挥"孝德模范评选"在传播社会主义核心价值观中的培育作用。

一、新时期的中国孝德模范评选概况

过去常讲"村看村，户看户，群众看干部"，现在流行说"金杯，银杯，不如好口碑"，这就是榜样的力量！孝德模范评选的意义，即在于它通过发挥孝德模范的榜样力量，在弘扬社会主义核心价值观中，把向上的力量凝聚起来，把向善的能量放大开来，用一棵树摇动另一棵树，用一朵云推动另一朵云，用一个灵魂唤醒另一个灵魂。

新时期，孝德模范的评选在全国各地开展得如火如荼，就像"冬天里的一把火"，让人温暖，令人感动！这样的评选活动有"中华十大孝亲敬老楷模评选""中国演艺界十大孝子评选""中国十大孝子评选""全国道德模范评选""中国好人榜""寻找最美孝心少年"等（见表1）。

"中华十大孝亲敬老楷模评选"，由全国老龄委办公室、中宣部、教育部、共青团中央和全国妇联等联合主办，2005年1月举办首届，此后每两年举办一次。从活动开评时间上来看，"中华十大孝亲敬老楷模评选"可说是最早的全国性孝德模范评选活动。

---

① 湖北日报. 湖北省委常委、宣传部长：大张旗鼓多种形式宣传"荆楚楷模"[EB/OL].（2015-02-04）[2021-12-20]. http://www.wenming.cn.

表1 全国性孝德模范评选主要活动一览表

活动名称	主办单位	开评时间
中华十大孝亲敬老楷模评选	全国老龄办、中央宣传部等	2005 年 1 月
全国道德模范评选	中央宣传部、中央文明办等	2007 年 8 月
中国好人榜	中央宣传部、中央文明办等	2008 年 5 月
中国演艺界十大孝子评选	中国伦理学会、山东广电等	2006 年 12 月
中国十大孝子评选	中国伦理学会、山东广电等	2011 年 1 月
寻找最美孝心少年	中央电视台	2013 年 4 月

"全国道德模范评选"，由中央宣传部、中央文明办、总政部、全国总工会、共青团中央、全国妇联等联合主办，每两年开展一次，2007年举办首届。根据公民基本道德规范的要求和道德建设的实际，全国道德模范评选表彰设"全国助人为乐模范""全国见义勇为模范""全国诚实守信模范""全国敬业奉献模范"和"全国孝老爱亲模范"五个奖项。"全国道德模范评选"把"孝老爱亲模范"作为奖项之一是久违的"幸事"，某种意义上讲是一种具有权威性的"孝"的回归。全国道德模范的基本标准是：热爱祖国，拥护中国共产党领导，身体力行社会主义荣辱观，模范遵守公民道德规范，在日常工作、生活和人际交往中品德高尚、事迹突出、群众公认。除基本标准外，另设有各奖项标准。其中，"全国孝老爱亲模范"的标准是：孝敬父母，关爱子女，夫妻和睦，家庭和谐，事迹感人，群众颂扬。在此影响下，地方性的"孝老爱亲模范"评选也得到响应，比如，湖北的"荆楚十大孝老爱亲模范评选"，山东的"齐鲁人民卫士十大孝老爱亲模范评选"等。随后，自2008年5月始，中央宣传部、中央文明办依托中国文明网开展"中国好人榜"评选活动，每月推出一期，奖项设置与全国道德模范评选一致，以此作为全国道德模范提名的依据，其中包括表彰孝老爱亲的"孝星榜"，由此也诞生了"中国好人榜之孝星榜"，在全国各地铺展开来。

"中国演艺界十大孝子评选"，由中国社会科学院、中国伦理学会、山东省广播电视局、山东电视台等联合主办，始于2006年，此后每年举办一次。举办这一活动，旨在利用明星的影响力，在全国民众特别是广大青少年中弘扬中华民族的优秀传统文化，弘扬亲情孝道。从首届活动开始，得到了演艺界明星和广大观众的热烈响应，演艺界明星以被评为孝星为荣耀，广大观众也通过各种方式推选出自己心目中的明星孝子。在连续成功举办四届"中国演艺界十大孝子"评选活动的基础上，中国伦理学会联合山东电视台，共同举办了山东卫视《天下父母》新春感恩季 2011 "中国十大孝子"推选活动，这次活动把推选的范围扩大到了普通百姓，并且突出了全民参与、亲情互动的特色。与此类似，"十大孝子评选"在地方依然火热。比如，自 1996 年始，湖北孝感市在全国率先评选、表彰"十大孝子"，后又增加了"十大孝亲敬老小天使"的孝德模范评选活动。

"寻找最美孝心少年"公益活动，由中央电视台主办，于 2013 年 4 月首次启动，每年举办一次。该活动主要面向全国寻找（评选）10 位"最美孝心少年"，发掘和展现我国少年儿童孝敬长辈、奋发有为、自强不息、阳光向上的美好情操和感人事迹，在全社会树立新时期孝心好少年的道德模范，以此弘扬乐观积极、励志成长的人生态度和尊老、爱老、敬老的中华民族传统美德，引导少年儿童树立正确的道德观和价值观，为我国青少年德育事业贡献力量。

二、孝德模范评选与传播社会主义核心价值观的内在逻辑

孝文化是中国传统文化在悠久历史发展中孕育、诞生和发展起来的，是中国传统文化的精髓与灵魂。中国传统孝文化历经了远古时期的萌芽、西周的兴盛、春秋战国的转化、汉代的政治化、魏晋南北朝的深化、宋明时期的极端化直至近代的变革，是在中国长期的历史发展中积淀而成的。

从传统社会一路走来的孝文化，毫无疑问带着封建糟粕性。但其文化精华在中国历史上发挥了举足轻重的作用，对待孝文化应去其糟粕、吸取精华，对传统孝文化进行创造性转化和创新性发展；既应对其文化的时代适应性持批判态度，又应充分肯定其历史价值和当代意义，赋予其新的时代内涵和表达形式，使之获得新的生命力，让孝文化成为涵养社会主义核

心价值观的思想源泉。

前述孝德模范评选活动，有的旗帜鲜明地将"孝子"作为评选对象，有的虽然不是专一的"孝子"评选，但却将"孝子"模范评选作为活动的重要内容之一，这些孝德模范评选活动的共同特征是：自上而下的响应，点赞身边好人，传播社会正能量。以湖北的孝德模范评选为例，湖北省委宣传部、省文明办先后推出了"荆楚孝老爱亲模范评选""湖北好人榜之孝老爱亲榜""湖北孝星榜评选""荆楚楷模之湖北孝星榜"等孝德模范评选活动（见表2），在点赞身边孝德模范、传播社会正能量的同时，也是对上级组织或机构开展"中华十大孝亲敬老楷模评选""全国道德模范评选之孝老爱亲模范榜""中国十大孝子评选""中国好人榜之孝星榜""寻找最美孝心少年"等孝德模范评选活动的积极呼应。

表2　湖北孝德模范评选主要活动一览表

活动名称	主办单位	开评时间
荆楚孝老爱亲模范评选	湖北省文明办、省老龄办等	2008 年 4 月
湖北好人榜之孝老爱亲榜	湖北省委宣传部、省文明办等	2014 年 2 月
湖北孝星榜评选	湖北省委宣传部、省文明办等	2014 年 4 月
荆楚楷模之湖北孝星榜	湖北省委宣传部、省文明办等	2014 年 6 月

湖北的孝文化资源十分丰富：在古代二十四孝中湖北占其五，分别是董永（孝感）、孟宗（孝感）、黄香（孝感）、丁兰（襄阳南漳）、老莱子（荆门）。新时期湖北的全国孝德模范代表有余汉江、刘青枝、黄来女、谭之平、刘芳艳、刘培、刘洋等（见表3）；湖北孝感自古更有"中国孝子之乡"的美誉。湖北开展系列孝德模范评选活动，具有历史悠久的文化渊源和得天独厚的优势，旨在以榜样的力量带动更多的人践行孝道，传递社会正能量，弘扬社会主义核心价值观。湖北省委宣传部长曾经讲道："'荆楚楷模'评选活动是培育和践行社会主义核心价值观的重大举措，要充分运用'荆楚楷模'的评选过程和结果，加大宣传，在全省上下形成见贤思齐、争做楷模的良

好氛围；并想方设法解决'荆楚楷模'等道德模范群体的现实困难，提高'道德红利'，形成'好人好报'的正向效应。"从湖北的全国孝德模范来看，他们既是践行孝道的"孝子"代表，又是社会主义核心价值观的传播者与践行者。

表3　湖北部分全国孝德模范及其主要事迹

姓名	主要荣誉	主要事迹
余汉江	首届全国"中华十大孝亲敬老楷模"	情系桑梓，为敬老爱老慷慨解囊的湖北企业家
刘青枝	"中华十大孝亲敬老楷模"提名奖获得者	照顾父母的兄弟、妯娌，一人养八老的乡村农妇
黄来女	首届全国道德模范之孝老爱亲模范	自强不息，边照顾病父边求学的武汉大学学生
谭之平	第二届全国道德模范之孝老爱亲模范	照顾病父，待继母如亲生母亲的湖北职院学生
刘芳艳	第二届全国"中华十大孝亲敬老楷模"	筹钱救病父、求学携盲母的荆门职院学生
刘　培 刘　洋	第四届全国道德模范之孝老爱亲模范	争着割皮救父的黄陂"80后""中国好兄弟"

"孝的基本内涵本是尊祖敬宗、善事父母、传宗接代，后来我国古代哲学家把孝进一步升华到爱国报国、天下为公的爱国思想和社会责任意识，演绎至今的孝便有了'家、国、天下'的情怀；孝在中国传统伦理道德中处于首要地位，孝还被认为是'德之本也，教之所由生也'，左边为'孝'、右边为'文'的'教'字可阐释为'以孝为文化'，孝文化是中国社会一切人际关系得以展开的精神基础和起点，孝德教育是社会教化和思想道德教育的根本，对国家政治、社会生活乃至国民素养的形成都产生了重要影响。"[①]

---

① 刘硕，陈弘毅.'孝'是一种文化 [J]. 半月谈，2014（24）：68-69.

审视孝文化的当代价值，中国传统孝文化与社会主义核心价值观的基本价值追求一致，具有内在的统一性。孝文化是孕育中国传统文化的基因，也是培育社会主义核心价值观的思想传统和精神根基。从教育层面上来看，用12个词凝练概括的社会主义核心价值观中，"富强、民主、文明、和谐；自由、平等、公正、法治；爱国、敬业、诚信、友善"，分别是从国家政治层面、社会生活层面、公民素养层面提出的社会主义核心价值取向。在国家政治、社会生活、公民素养层面上，弘扬孝文化与传播社会主义核心价值观的内在追求一致。譬如说，"友善"是一种"小孝"，在公民素养层面，首先要求个人善待孝敬自己的父母，然后"老吾老以及人之老，幼吾幼以及人之幼"，推己及人，做到善心善行。再比如，"敬业""诚信"是一种"中孝"，在社会生活层面，要求干工作忠于职守、爱岗敬业、讲究诚信。又如，"爱国"是一种"大孝"，在国家政治层面，要求人们向历代英雄贤德学习，既孝敬父母，又精忠报国，化"小孝"为"大孝"。

综上可见，我们可以充分利用孝德模范这块资源，借助孝德模范评选这个平台，发挥其在传播社会主义核心价值观中的培育作用。在孝德模范评选过程中，注意将其与传播社会主义核心价值观结合起来，体现出当代中国核心价值观的时代要求和孝德传承的时代性，实现孝文化的创新性发展与创造性转化。当今，"十大孝子"评选正盛行于北京、湖北、四川、山东、陕西、江苏、浙江、河南、河北、广州、广西、安徽、山西、辽宁等省市区，层出不穷的孝德模范评选活动对于弘扬中华民族传统美德，加深人们对于社会主义核心价值观的理解与认同，助推社会主义核心价值观的培育和践行，激发人们参与孝文化建设的热情，凝聚人民力量推动经济社会发展，营造文明和谐的社会氛围，具有十分重要的意义。

三、孝德模范评选在传播社会主义核心价值观中的作用

社会主义核心价值观是引领思想道德建设的一面旗帜，是全民族团结和睦、奋发向上的精神纽带。评选孝德模范，无论是对个人、家庭和社会教育而言都具有重要的意义。就培育和践行社会主义核心价值观来说，孝

德模范评选在传播社会主义核心价值观中的培育作用主要体现在三方面：修炼个人品德、建设家庭美德、构建社会公德。

（一）修炼个人品德

孟子言："天下之本在国，国之本在家，家之本在身。"（《孟子·离娄上》）"每个人都可以有大志的理想，但真正实现大志的人必然在品德上有至高的修养，大志实现需要有大德的养成；大德的养成需要从修身中实践，只有修身，方可以齐家，家齐方可治天下。"[①]

"修身需要有壮阔的理想，坚持不懈地规范和调整自身的思想和行为，让自己成为锐意创新、善于学习、不断奋进、敢于拼搏、追求卓越、有爱心、有担当、有理想的人；修身需要端正人生的态度，既需要在职业岗位上不断提高专业水平和工作能力，更需要在工作和生活中注重规范自己的行为，让自身成为爱岗敬业、守信誉的人；修身需要涵养宽广的胸怀，让自身成为孝悌、仁爱、忠恕、礼让、包容、宽厚的向善之人。"[②]

"孝"是众德之根、诸善之源、立身之本，修身当从"孝"开始。孝是儒家的重要思想，儒道的精髓即"仁、义、礼、智、信"，讲究修身以"仁"为本、以"义"育人、以"礼"待客、以"智"为谋、以"信"为贵。因此，通过孝德模范评选，发挥其在修炼个人品德中的"道德领袖"作用，引领公众将孝的内涵和思想精髓融入这些高尚品德的修炼当中，以达到修身成人的目的。

（二）建设家庭美德

家庭美德，是指人们在家庭生活中调整家庭成员间关系、处理家庭问题时应遵循的道德规范。家庭美德的规范是调节家庭成员之间，即调节夫妻、父母同子女、兄弟姐妹、长辈与晚辈、邻里之间，调节家庭与国家、社会、集体之间的行为准则，它也是评价人们在恋爱、婚姻、家庭、邻里之间交往中的行为是非、善恶的标准。

---

① 百度百科.华夏儒商国学院 [EB/OL].（2021-12-20）[2023-01-10]. http://baike.baidu.com.
② 百度百科.华夏儒商国学院 [EB/OL].（2021-12-20）[2023-01-10]. http://baike.baidu.com.

每个家庭成员都要履行自己的道德责任和道德义务，都要多一份爱心、尊重人、爱护人，才能建立美满、和谐、幸福的具有美德的家庭。家庭美德涵盖了长幼、夫妻、邻里之间的关系，内容主要包括尊老爱幼、男女平等、夫妻和睦、勤俭持家、邻里团结等。其中，尊老爱幼是孝文化的重要内容。"从古至今，我国的社会文化主张'幼有所养，老有所终'，形成了家庭尊老爱幼的优良道德传统；谁不善待子女，谁不孝敬父母，谁就会被众人贴上'缺德'的标签，行为恶劣者甚至受到法律的惩处；所以，尊老爱幼是建设家庭美德的重要内容，也是每个公民遵循的道德准则和应尽的社会责任。"①

"孝"是千百年来中国社会维系家庭关系的道德准则，自古以来就有"小孝持家，中孝立业，大孝治国"之说。可见，通过孝德模范评选，鼓励以孝德为核心建设家庭美德，对于家庭和睦乃至事业兴旺、安邦定国具有重要作用，既是创建幸福、美满家庭的动力源泉，也是加强公民道德建设、构建社会伦理秩序的必然需要。

（三）构建社会公德

一个社会能否和谐，一个国家能否长治久安，很大程度上取决于全体成员的思想道德素质，没有共同的理想信念，没有良好的道德规范是无法实现社会和谐的。孝文化是构建和谐社会的思想道德基石，从中可见，孝德建设在构建社会公德中具有重要的地位和作用。

和谐社会所要求的人与人、人与社会、人与自然和谐的基础在于人自身的和谐，人自身的和谐要求个体具备"孝"的品质，只有这样，才能达到孟子所说的"老吾老以及人之老，幼吾幼以及人之幼"的境界。"人人亲其亲，长其长，则天下平"（《孟子·离娄上》），孝是齐家之宝、治国之策，更是和谐之源泉，孝文化以人们的血缘关系为依托，以"善事父母"为核心，鼓励将这种个人的伦理义务向血亲之外的社会扩展，从而达到"老少和谐""长幼和谐""上下和谐""邻里和谐"，进而达到"社会和谐"

---

① 360 百科.家庭美德 [EB/OL].http://baike.so.com.

的境界。从这一意义上讲，"孝的功能是和谐与稳定"①。

　　"孝"乃天下和谐之源。"社会和谐缘于家庭和谐，家庭和谐缘于代际和谐；而代际和谐的根本是修身，修身的根本始于孝。"②子女修身重在尽孝，通过尽孝与父母之间形成代际和谐，方能建设一个亲善、和睦的家庭，方有家、国、天下和谐的社会。因此，通过孝德模范评选，传承与弘扬孝文化，推进和睦相处的社会公德建设，对于促进社会主义和谐社会建设具有重要意义。

---

① 陈朝晖. 从热播家庭剧看影视资源开发中的孝文化传播 [J]. 新闻知识, 2010（2）: 49-50.
② 陈朝晖. 从热播家庭剧看影视资源开发中的孝文化传播 [J]. 新闻知识, 2010（2）: 50.

当代孝廉文化传播的政治实践

伴随着《关于实施中华优秀传统文化传承发展工程的意见》的印发，继承、弘扬优秀传统文化已上升为国家战略。孝廉文化是中华优秀传统文化的一部分，是将孝文化精华融入廉政文化建设的结合体，在当今反腐倡廉的时政主题下，孝廉文化成为一些地方考核干部是否称职和能否提拔重用的重要参考，研究当代孝廉文化传播的政治实践具有样本意义。本文基于湖北云梦县黄香孝廉文化传播的实践分析，主要考察了当代孝廉文化的传播逻辑、顶层设计与实践路径。

一、传播逻辑：孝廉文化认同是基础

黄香，字文强，东汉江夏安陆（今湖北省云梦县）人，以孝闻名，以廉驰誉，是中国古代杰出的文化名人和孝廉代表。他从小便博览儒家经典，精心钻研道德学术，知书达理，德学双馨，被当时京师称誉为"天下无双，江夏黄童"。黄香的传奇人生有两个亮点：其一，黄香九岁时，母亲去世，他对父亲格外孝敬，夏天将床枕扇凉，冬天用体温暖被，之后才让父亲就寝安睡，其"扇枕温衾"的故事名列元代《二十四孝子》之中，宋人撰写的启蒙读物《三字经》把他作为人伦教化的典范，其孝廉思想的社会教化意义和影响可见一斑。其二，黄香的孝行与"神童"奇迹得到父老乡亲们的赞誉，后被江夏太守刘护相中并提携，举孝廉入仕，官至尚书令、魏郡太守，为官清廉，勤政爱民，相关传录见于《东观汉记》《后汉书》《楚师儒传》《楚国先贤传》等史籍。黄香的"孝"与"廉"这两个亮点是构成黄香孝廉文化的基因。

考察黄香孝廉文化的历史溯源，主要来自两方面："一是家庭孝廉家风的传承。黄香出身于孝廉之家，自幼受到孝廉家风的熏陶。其父黄况，举孝廉入仕，曾任郡五官掾（具有多种职能的小吏）和叶县令，立籍江夏。黄况虽为朝廷命官，家中却无奴仆，生活衣食不保，可见其为官清廉。母亲徐氏，出身于官宦书香门第。舅父徐防以孝廉入仕，也是一位廉洁清正的高官，奉侍三朝皇帝没有过失，官至太尉。正是在孝廉家风的熏陶下，黄香从小便主动操持家务，无微不至地体贴父母，进而后来为官廉洁爱民。二是社会孝廉环境的影响。早在春秋时期，云梦就有一代廉吏、楚国贤臣斗子文，他清正廉明，无私奉公，'自毁其家以纾国难'，为政庇民，不蓄私财；大义灭亲，不徇私情；三次出任令尹，又三次主动让贤，被传为千古佳话，他被孔子誉为'忠'的典范，成为中国古代廉吏的楷模。1975 年，云梦出土的文物'睡虎地秦简'，其中也记载了对官员廉洁自律的法律要求。再者，黄香生活的两汉时期，举孝廉作为一种察举制度，成为任用选拔官员的重要途径，社会形成尊崇孝廉的浓厚氛围，以上这些为黄香孝廉文化的孕育、成长提供了肥沃的土壤。"①

"孝"与"廉"是伦理道德中不同类别的德目，孝是家族内部用于处理亲属血缘关系的私德，廉是社会层面用于处理国家政治关系的公德。由于中国古代君王重视"孝治天下""求忠臣于孝门之子"，认为"孝则忠君，廉则爱民"。正是基于这样的认识，孝与廉得以融合，统称"孝廉"。"在中国古代两者的统一性之所以被看重，是因为社会是一种家国同构的社会结构……随着家国一体的传统社会结构的解体，公民社会的形成……我们更要充分看到孝与廉的差异和不同"（肖群忠在 2012 年首届中国孝廉文化研讨会上的学术发言《论孝与廉之同异》）。

因此，当代孝廉文化的传播与传承，不是简单照搬形式的"孝秀"表演，而是能深入人心的精神涵养。从历史溯源上看，黄香孝廉文化的形成，有家风家教的传统，也有社会环境的影响。好的家风家教在今天仍然有传承的价值，但随着时代的变迁、环境的改变，发挥黄香孝廉文化在当代传播中的影响力，需要挖掘其具有时代价值的核心内涵。云梦县纪委干部在研究总结黄香孝廉文化的精神内涵时，将其分为五个方面："博孝、勤政、倡廉、爱民、奉献。"①基于此，黄香孝廉文化的核心内涵可提炼为"博孝

---

① 彭斌武，张宏奎. 黄香孝廉思想及实践探微 [EB/OL].（2013-09-06）[2018-10-20]. http: // www.xg9961.com/xdwh/xwhyj/872.html.

爱民，廉洁忠诚"。博孝爱民是个人品德的修养，孝与仁是统一的，由孝亲到爱民是"仁者爱人"的一种博孝体现；廉洁忠诚是职业道德的信仰，孝与忠是同体的，由孝移忠，从清廉为政到忠于组织的培养、国家和人民的事业与当前中央强调的"四个意识"是一致的。从"官德"的个人私德和公德两个层面来传播和传承黄香孝廉文化，更贴近生活、贴近实际、贴近大众、贴近时代，更能获得文化的认同感。

二、顶层设计：政治文明建设是目标

"顶层设计是一个工程学术语，现成为中国政治的新名词，在中共中央关于'十二五'规划的建议中首次出现，其本义是统筹考虑项目各层次和各要素，追根溯源，统揽全局，在最高层次上寻求问题的解决之道。"[②]弘扬、传播孝廉文化，终极追求的是孝廉文化传播的效率与影响、功能与价值，须从大局上统筹、规划解决的问题。就黄香孝廉文化传播而言，同样需要顶层设计，这是黄香孝廉文化传播的重要性与必要性的定位。

"孝有三：大孝尊亲，其次弗辱，其下能养。"（《礼记》）这是基于孝文化内涵的顶层设计："孝敬父母有三个层次，大孝是言行和内心都能尊敬父母，其次是不让自己的言行使父母蒙羞受辱，最基本的是尽自己的力量养活父母。""夫孝，始于事亲，中于事君，终于立身。"（《孝经·开宗明义章》）是基于孝文化外延的顶层设计："孝，开始时从侍奉父母做起，之后是效忠国家和君主，最终则要建功立业、扬名立万。"从中可见，古人对孝文化传播的顶层设计，主要解决的不只是与个人修为相关的"立业、立功、立德"问题，更重要的是与政治相关的"以孝治天下"。以此为参照，孝廉文化是"孝"与"廉"两种文化的融合，而且"廉文化"主要孕育于政治领域，孝廉文化传播顶层设计要解决的是政治生态中的良性循环问题，即政治文明建设是目标。

① 左永波，安国忠．湖北云梦县挖掘千古孝子黄香孝廉文化思想以孝促廉 [EB/OL]．（2012-08-30）[2018-10-20]. http://www.qlgov.org/43/2607.html.
② 360百科．顶层设计 [EB/OL]．（2017-10-24）[2018-10-20]. http://baike.so.com/doc/5649900-5862543.html.

　　目前对孝廉文化传播的顶层设计，已进入政界和学界的视野。学术视野中孝廉文化传播的顶层设计，主要论及孝廉文化传播的当代价值与时代意义："一、涵养干部廉洁奉公品质，发扬清廉为政的优良传统；二、加强干部廉洁自律教育，丰富和深化廉政文化建设；三、以弘扬孝廉文化为载体，培育和践行社会主义核心价值观。"政界视野中孝廉文化传播的顶层设计，主张传播孝廉文化，旨在"弘扬孝廉文化，助推党风廉政建设"。以中华孝文化发源地之一的孝感市政府为例，政府主张："一、促进干部清正，建设廉洁干部队伍；二、促进政府清廉，打造廉洁政府机关；三、促进政治清明，营造廉洁社会环境。"（陶宏在 2012 年首届中国孝廉文化研讨会上的讲话《弘扬孝廉文化 助推党风廉政建设》）

　　将孝廉文化与党风廉政建设关联起来，在孝廉文化传播的顶层设计上，关键是传扬干部处理好"小孝"与"大孝"相统一的关系。孝是廉之本，廉是孝之果，有些干部因贪腐令父母、祖宗蒙羞受辱，实为大不孝。"对共产党人而言，尽孝道是尊亲不辱、忠顺不违，更是亲亲而博爱、尊亲而爱民。就是要将亲情之爱延伸到爱国爱民，……树立小孝持家兴家、中孝敬业乐业、大孝奉公报国的理念，把对父母的'小孝'推广为对人民的'大孝'，把廉洁奉公、勤政爱民作为追求的境界，才是共产党人应有的孝道……共产党人视人民为父母，以对家人的仁爱之心对待人民群众，那么在工作中就应当坚持公平正义、清正廉洁的价值取向，以人民群众的利益为上，做到存公心、明公理、讲公道，摒弃私心杂念，当好人民公仆，干出让党和人民认可的实绩，为家门添荣耀，为社会作贡献，实现'小孝'与'大孝'的统一。"①

三、实践探索：融合创新传播是路径

　　人类社会史不仅是文化发展的历史，更是文化与传播整合的历史。"传统文化已不是一种静态的存在，它终将随着时代的变迁而吐故纳新，不断

---

① 文章.尊亲不辱，大孝奉公 [EB/OL].（2017-03-07）[2018-10-20]. http:/ex.cssn.cn/ddzg/ldhc/201703/t20170307_3443452.shtml.

吸收时代的精神精华而发展壮大，成为适应社会发展需要的一种新的动态文化。"①文化与传播是兼容互渗、同质同构的，文化的传承与发展受到传播的影响，同时传播适应时代的变化在创新中产生文化意义。顶层设计与实践探索是孝廉文化传播的左右手，左手高大上，右手接地气。在当代实践中，孝廉文化传播进行了一些接地气的探索与创新，以云梦县黄香孝廉文化传播为例，以下列举部分案例供参考（见表1）。

表1　2011—2018年云梦黄香孝廉文化传播案例一览表

（按活动时间顺序排列）

活动名称	活动时间	传播模式
第1-8届黄香文化节	2011-2018年	孝廉节庆仪式
黄香孝廉文化群众性讲堂	2013年	孝廉群众讲座
中华黄香文化园建成开放	2014年	孝廉景观建设
楚剧《大汉孝廉黄香》首演	2015年	孝廉文艺展演
湖北工程学院与黄香文化园共建"孝廉文化培训基地"	2016年	孝廉思政教育
"黄香一课"宣讲报告会	2017-2018年	孝廉文化课堂

资料来源：收集于互联网。

表1列举了近年来云梦黄香孝廉文化的传播案例，从黄香孝廉文化的传播模式上来看，主要包括孝廉节庆仪式、孝廉群众讲座、孝廉景观建设、孝廉文艺展演、孝廉思政教育等几种类型。总体上看，黄香孝廉文化传播的实践突出体现了"融合创新"的特征：一是融入孝廉文化的生活传播，举办黄香（孝廉）文化节、组织孝廉文化群众讲堂、开展孝廉文化学习、培训与教育等活动，都与百姓生活密切相关。二是融入孝廉文化的艺术传播，楚剧《大汉孝廉黄香》的创作与展演，以及小说《千古孝子黄香》、皮影画册《汉孝子黄香》、连环画《孝子贤臣黄香》的创作与出版，均以

---

① 庄晓东，邹雯.新时期中国传统文化的传播[J].青年记者，2017（9）：9-12.

不同艺术形式传播黄香孝廉文化。三是融入孝廉文化的环境传播，中华黄香文化园、黄香大道孝廉文化长廊等人文景观的建设，对于弘扬孝廉文化、营造崇廉尚孝的文化氛围具有重要意义。

当今，在自媒体盛行和新媒体频出的环境下，传播方式、传播格局和传播生态都发生了深刻变化，为适应差异化和分众化的传播需求与趋势，迫切要求加快构建孝廉文化传播的新格局。以上述云梦县黄香孝廉文化传播的实践探索为例可见，加快建设孝廉文化传播的新格局，需要在融合创新中不断提升孝廉文化的传播力和影响力，总体上要求融入生产生活，即"注重实践与养成、需求与供给、形式与内容相结合，把孝廉文化内涵更好更多地融入生产生活各个方面"，使孝廉文化每时每刻地指导和支配人的为人处世、日常生活、行为举止、三观所向等。就目前文化传承与发展的环境来看，以下黄香孝廉文化传播融入生产生活的三个趋势不可忽视。

其一，融入文旅产业。文化传播与旅游产业的融合是产业开发领域的一个热门，将孝廉文化传播融入文化旅游产业的开发中，既可带动观光旅游、教育培训、餐饮消费、工艺礼品等一系列文化产业的发展，又可使人们在产业经营与旅游消费中体验与领悟孝廉文化的精神。

其二，融入影视娱乐。随着经济发展和生活水平的提高，人们对精神消费的追求更胜于物质消费，其中文化消费吸引众多眼球，一度热播的反腐大片《人民的名义》、孝子清官典型剧《于成龙》，以及《中国汉字书写大会》《中国诗词大会》等节目以寓教于乐的形式传播文化，为孝廉文化传播融入影视娱乐提供了很好的参照。

其三，融入网络社会。我国现有十多亿网民，随处可见"低头一族"，网络传播的影响力使现实生活中的平凡变得非凡。从宏观上讲，加强网络强国建设已提上日程，这既是基于国家安全的考虑，也是我国传统文化走向世界的必经之路。因此，黄香孝廉文化应更多融入网络传播，成为"一带一路"上中国走向世界、以文化塑造大国形象的一个必要举措。

发挥传统文化在现代社会中的文化传播功能和价值，改善我们生存其中的人文环境和国民素养，促进社会的进步和文明的发展，首要考虑的是这种文化的传播效率与品质问题：能否与时代发展相适应，能否受到当下大众的青睐和欢迎；在现实生活中是否真正发挥效应，是否具有潜移默化的传播力与影响力。解决这些问题的根本，首先在于文化认同。其次，发挥孝廉文化的传播价值，我们既要从历史溯源上挖掘孝廉文化的传统内涵，同时又要融合时代特色，基于孝廉文化的时代价值与现实意义，创新孝廉文化的核心精神和传播路径，从而增强孝廉文化的传播力与影响力。

"一带一路"建设中孝文化传播
如何对话世界文明

从世界发展来看，"文明交流互鉴，是推动人类文明进步与世界和平发展的重要动力"①，只有以文明交流超越文明隔阂、以文明互鉴超越文明冲突、以文明共存超越文明优越，才能科学把握人类文明进步大势。从中国实践来看，"一带一路"是中国寻求国际合作发展的国家倡议，是在"新丝绸之路经济带"和"21世纪海上丝绸之路"基础上形成的概念。基于以上两点，中华文化与世界文明展开对话，是"一带一路"建设的前提。孝文化是中华文明的积淀与根脉，是中华优秀传统文化的重要基因，在"一带一路"建设中，孝文化传播如何对话世界文明？探讨孝文化传播对话世界文明的可能、价值与路径，应是题中之义。

一、文化认同：孝文化传播对话世界文明的可能

"一带一路"建设，文化认同是基础。关于"文化认同"，中华文化辞典解释为"一种肯定的文化价值判断"，"即文化群体或文化成员承认群内新文化或群外异文化因素的价值效用符合传统文化价值标准的认可态度与方式；经过认同后的新文化或异文化因素将被接受、传播"②。中国有哪些文化可供世界文明发展借鉴呢？换句话说，中国有哪些文化可被世界他国肯定、接受、传播呢？当代中国特色社会主义文化，不仅可以向世界提供中国饮食、服装、玩具、电器、科技等，还可以提供中国眼光、智慧与价值。除此之外，以孝文化为核心的中华优秀传统文化必然位列其中，因为孝文化不仅是中华民族振兴的精神营养，而且是人类发展的智慧源泉。放眼海外，对中华孝文化的认同，诸如以下方面可以为证。

（一）孔子学院成为海外传播孝文化的重要阵地

孔子学院，是中国国家汉语国际推广领导小组办公室在世界各地设立的

---

① 习近平. 文明交流互鉴是推动人类文明进步和世界和平发展的重要动力 [J]. 求是, 2019, 0 (9)：4-10.
② 冯天瑜. 中华文化辞典 [M]. 武汉：武汉大学出版社, 2001：20.

推广汉语和传播中国文化的机构。"从 2004 年在乌兹别克斯坦签署全球第一所孔子学院协议算起"①，截至 2019 年年底，全球已有 162 个国家（地区）建立了 550 所孔子学院和 1172 个孔子课堂，孔子学院已成为传播中国文化的全球品牌和中外文化交流的互鉴平台。"仁"与"礼"是孔子思想的核心，"孝"在其中显得尤为重要，孔子在《论语》中系统地阐发了他对孝义的理解和要求，"将孝义放在'仁'的背景下，认为孝是一个人所有德行的根本"②，又将孝德确立为伦理秩序的基本规范。孔子的孝文化思想源于当时社会变革的需要，也源于其卓越的智慧，如今遍布全球的孔子学院绕不开对中华孝文化的认同。

（二）孝文化是解开人类健康幸福生活秘诀的密码

美国心理学教授霍华德·弗里德曼和莱斯利·马丁经过 20 年的研究，从研究对象多如牛毛的生活习惯中总结出一些影响寿命的决定性因素，研究结果发现：决定寿命长短的最重要因素是人际关系！此外，"哈佛一项历时 76 年的研究，告诉我们一个关于幸福生活的结论：人活着是需要精神慰藉的；一旦物质需求被满足，财富对幸福影响不大，真正起决定作用的是亲密关系，尤其在 80 岁之后，如果你依然可以感到自己有可以依赖的人，那么你就能拥有更健康的大脑和更幸福的晚年生活"③。这项研究表明，孝文化能增强家庭成员的亲密关系、促进家庭和睦，是解开家庭和人类幸福的密码。例如：孝感摄影家宴美华用镜头和文字记录了中华孝乡百位百岁老人的长寿幸福秘诀："家庭和睦，子女孝顺；上一辈以身为范，宽厚包容；下一代秉承善性，敬畏孝德。"④"美国'十大排行榜'网站刊文登出，子女最该为父母做的

① 马海燕.13 年逾 500 所孔子学院遍布全球"走出去""请进来"并行 [EB/OL].（2018-02-14）[2019-06-19]. http://edu.gmw.cn/2018-02/14/content_27697808.htm.

② 路丙辉.孔子孝文化辨证 [J].安徽师范大学学报（人文社会科学版），2005（1）：42-46.

③ 新商道论坛.这张恐怖的全家福，暴露了我们真正的危机! [EB/OL].（2018-03-04）[2019-06-19]. https://mp.weixin.qq.com/s?__biz=MzU3NDYyNTE2Mg==&mid=100001746&idx=1&sn=7ed634f4ad37d778c82a8682f1b503d3&chksm=7d2ec3374a594a216903386cea69f3b2130070f20390706e15e4e7a0817f760d0d3eb4e308f9&mpshare=1&scene=23&srcid=0829SEVemJEEIPDZSXDzy1Jg#rd.

④ 如胜.湖北孝感："孝道文化"孕育 200 多位百岁老人 [EB/OL].（2016-10-16）[2019-06-19]. http://hb.people.com.cn/n2/2016/1016/c337099-29149285.html.

10 件事，成为美国'十大孝顺'标准"①；"新晋英王妃梅根一直备受外界关注，因与生父关系恶化，父亲控诉其'不孝'"②，这说明西方国家在重视家庭幸福方面认同中华孝文化的价值，对孝文化同样有强烈的情感与伦理诉求。

（三）外国友人的青睐见证了孝文化的海外影响力

近年来，韩国来中国的游客数量逐年增加，以张家界旅游市场为例，"据张家界市武陵源区旅游部门不完全统计：2018 年上半年，武陵源核心景区接待韩国客人近 9 万人，占整个核心景区境外游客接待量的 60% 以上，韩国仍然是张家界的最主要境外客源市场"③。为何张家界如此受韩国游客推崇与追捧？张家界在湖南省各市中经济体量较小，但有着丰富而独特的自然景观和人文资源，而吸引韩国游客来张家界游玩的因素远不止这些，更重要的是众多景区的孝文化，中韩孝文化同源性和韩国游客对中华孝文化文化的深刻认同，是推进国内韩国游客市场火爆的主要动力。再例如："三亚孝道观光产品获青睐，2019 年首批韩国银发伉俪开启三亚孝道文化之旅"④；"法国男子托马斯爱上中国文化，行万里路来武当山隐居，认同中国孝文化"⑤；"麻城市孝感乡文化园多次迎来菲律宾依木斯市青少年学习交流团"⑥；在美国的唐人街，有中华孝文化的牌坊和标志；在马来西亚，有孝恩孝义基金会；在韩国，制定了《孝行奖励资助法》；在新加坡，颁布了《赡养父母法》。

---

① 生命时报. 美国十大孝顺标准 [EB/OL]. (2014-01-14) [2019-06-19]. http: //health.sina.com.cn/hc/ m/2014-01-14/0952121032.shtml.

② 人民日报海外网. 梅根父亲控诉女儿"不孝"：杀人犯之女都会探监，她却不理我 [EB/OL]. (2019-01-08) [2019-06-19]. https: //m.haiwainet.cn/middle/3541093/2019/0108/ content_31475866_1.html?from=timeline&tdsourcetag=s_pcqq_aiomsg#.

③ 小胡. 张家界武陵源景区韩国游客占境外游客总数的 60%[EB/OL]. (2019-03-18) [2019-06-19]. http: //www.0411hd.com/zhangjiajie/new/25820.html.

④ 袁燕. 三亚孝道观光产品获青睐 韩国客源市场渐回温 [N]. 三亚日报, 2019-7-1.

⑤ 关前裕, 冯开春, 张枚. 法国男子从万里之外来武当山隐居 认同中国孝道文化 [N]. 楚天都市报, 2015-7-11.

⑥ 孝感乡文化园. 孝感乡文化园又双叒叕迎来外国友人交流学习团 [EB/OL]. (2018-07-09) [2019-06-19]. http: //www.mcxgx.com/news/gyxw/2018-07-09/670.html.

以上事例中外国人对孝文化的青睐，见证了孝文化的海外影响力。

二、文化互鉴：孝文化传播对话世界文明的价值

"一带一路"建设，互利共赢为目标。"一带一路"建设能给世界文明发展带来什么，世界文明又能为中国带来什么，这不仅有助于"一带一路"的持续推进，也有利于促进中外文化的理解与交流。只有在中外文化交流互鉴的基础上，"一带一路"建设才能实现互利共赢的目标。孝文化传播对话世界文明，有哪些具体可供借鉴的价值呢？主要体现在"构建和谐社会的治理经验""共建命运共同体的人本智慧""全球性养老对策的有力补充"等方面。

（一）构建和谐社会的治理经验

人类历史上有过四大古文明：巴比伦文明（两河流域文明）、埃及文明、印度文明和中华文明，唯有中华文明没有中断过发展，其他文明或消失或中断，留存至今比较完整的只有中华文明，中华文化历经磨难却经久不衰，这说明在传承力上中华文化有自己的优势和魅力，那就是中华文化的历史价值。孝文化是中华文化的根脉与基因，是中华民族生生不息、发展壮大的精神滋养，其历史价值是"孝治天下"的理念。俗有"半部论语治天下，一部孝经安天下"之说，从孔子创立儒学开始，到秦汉时期的《孝经》成书，再到汉魏隋唐时期的"以孝治天下"，孝文化由原来的家庭伦理规范上升为治国安邦的指导思想，孝文化成为社会治理的重要思想源泉。"'孝治'最核心的内容，是在孝亲的宏观目的下，通过一种妥善的政治治理，让从天子到平民的每一层级之人都扮演好自己在政治生活中的角色。"[①]"小孝持家、中孝敬业、大孝爱国"是构建和谐社会的治理经验，若每个人在社会建构中尽到自己本分，社会秩序自然和谐顺畅。在世界现代化进程中，中国的社会治理主张"法治"与"德治"并举，"孝治天下"的历史经验

① 林觉.《孝经》古代天子如何教百姓行孝？[EB/OL].（2018-04-26）[2019-06-19]. https://mp.weixin.qq.com/s?__biz=MzA5NjIwNzYwMA==&mid=2662464223&idx=3&sn=a317ed2cf282063630034419c4f49bb8&chksm=8bf6cd40bc814456afb254c6d9827383b09f24b87f454cdd0e5558715c027254cfcfb9a86dcf&mpshare=1&scene=23&srcid=0428qDn3b3QIvVAiLCiJ2b0p#rd.

可供"德治"借鉴，对于构建和谐社会乃至和谐世界依然具有参考意义。

（二）共建命运共同体的人本智慧

"古希腊的哲学家在希腊海边思考的时候，印度的哲学家在恒河岸边打坐，中国的哲学家在黄河岸边散步，而且他们使命当中也有一个分工：希腊哲学家主要是考虑人和物的关系，印度哲学家主要是考虑人和神的关系，中国哲学家主要是考虑人和人的关系。"①就此来看，中西文化的差异在于人本的哲学。孝文化是中华文化史的积淀，造就了中华民族的人生哲学。百善孝为先，孝是儒家最基本的人际关系，被认为是人的最重要情感，最早体现出以人为本的人文精神，在构建人类命运共同体中将影响世界。"人类命运共同体"是中国倡导的关于人类社会发展的新理念，"旨在借用古代丝绸之路的历史符号，高举和平发展的旗帜，积极发展与沿线国家的经济合作伙伴关系，共同打造政治互信、经济融合、文化包容的利益共同体、命运共同体和责任共同体"。②"'一带一路'要以文明交流超越文明隔阂、文明互鉴超越文明冲突、文明共存超越文明优越，只有激活人类命运共同体的文明基因，在文化认同和沿线国家、人民中生根发芽、开花结果，才能培育'一带一路'富饶肥沃的人心土壤。"③孝文化就是激活人类命运共同体的文明基因，"孝"从家庭美德延伸至社会公德，由"孝亲"放大为"博爱"，形成了与人为善的处世哲学，体现了"以和为贵"与"以人为本"的人本智慧，对于建设人类命运共同体具有积极意义。

---

① 360图书馆.5000年中华文化史[EB/OL].（2017-08-07）[2019-06-19].http://www.360doc.com/content/17/0807/22/1597421_677432754.shtml.

② 百度百科.一带一路[EB/OL].（2023-04-07）[2019-06-19].https://baike.baidu.com/item/%E4%B8%80%E5%B8%A6%E4%B8%80%E8%B7%AF/13132427?fr=aladdin.

③ 半月谈微信公众号.《理论达人解读十九大》第十一集："一带一路"新看点[EB/OL].（2018-04-10）[2019-06-19].https://mp.weixin.qq.com/s?__biz=MjM5OTU4Nzc0Mg==&mid=2658618453&idx=1&sn=4a7e3940fe9e735f226ddbcb405e3509&chksm=bcbad6a48bcd5fb2c8d8497ddb86173a214ba976abaecd8329e4407825433cbc93291ae8622b&mpshare=1&scene=23&srcid=0517tew94sNymWKVTOtXJzFT#rdhttps://mp.weixin.qq.com/s?__biz=MjM5OTU4Nzc0Mg==&mid=2658618453&idx=1&sn=4a7e3940fe9e735f226ddbcb405e3509&chksm=bcbad6a48bcd5fb2c8d8497ddb86173a214ba976abaecd8329e4407825433cbc93291ae8622b&mpshare=1&scene=23&srcid=0517tew94sNymWKVTOtXJzFT#rd.

（三）全球性养老对策的有力补充

21 世纪的世界正面临人口迅速老化的问题。"目前全世界含 60 岁以上的老年人口已超过总人口数的 11%，预计到 2050 年，将上升至 22% 左右。"[①] 人口老龄化，人口出生率较低，是世界各国迈入老龄社会面临的养老难题。在此背景下，有人推崇"瑞士用'时间银行'养老的制度"[②]，如此等等，西方现代化的养老制度令人艳羡不已。但这还不够，西方目前的养老制度，多数是解决物质赡养的养老保障问题，亲情关怀方面的精神赡养却很少。"据美国卫生及公共服务部估计，在美国，每年大约有 500 万名老年人遭受各种形式的虐待或者剥削；2015 年，宾夕法尼亚州马哈诺伊城 77 岁的拉特肖被发现死于家中，她儿子约翰及其女友被控没有及时将拉特肖送去就医而犯下三级谋杀罪，法庭文件显示'约翰在 2014 年将母亲接出了养老院，拉特肖每月 1200 美元的社会保障金就落入了儿子手中'；另据美国《赫芬顿邮报》报道，2010 年，鲁比由于无法行动、痴呆和孤立无援被困在床上，在死前的几个星期，她不断地呻吟、哀求、哭喊着'救命'，可邻居把窗户紧紧关上，儿子怀斯则不耐烦地戴上了耳塞，鲁比被发现去世时全身多处腐烂，好几处露出了骨头，西雅图检察院指控怀斯谋杀母亲"[③]。在中国，比如"80 岁老人孤死家中，5 子女被判刑"[④]，孝养父母纳入法治，蕴含着悠久的孝文化传统。从老人的"百年孤独"中可见，无论中国还是西方，子女对父母"不孝"，都是现代文明发展中为法律所不容的。孝养父母是我国不同于西方养老制度的文化优势，物质养老和精神养老同样重要，孝文化可成为全球

---

① United Nations Population Fund （2015） News on ageing[EB/OL]. (2017-10-01) [2019-06-19]. http: //www.unfpa. org/ ageing#sthash.o5yqT2Lt.dpuf.

② 360 图书馆. 瑞士用"时间银行"养老，真的的太赞了 [EB/OL]. (2017-08-07) [2019-06-19]. http: //www.360doc.com/content/18/0708/17/15488460_768807992.shtml.

③ 陈洪忠. 孝老敬老何时走向法治化? [EB/OL]. (2018-06-15) [2019-06-19]. http: //www.mzyfz.com/cms/benwangzhuanfang/xinwenzhongxin/zuixinbaodao/html/1040/2018-06-15/content-1342373.html.

④ 平武法院.80 岁老人孤死家中 5 子女被判刑 [EB/OL]. (2018-09-16) [2019-06-19]. http: //sh.qihoo.com/pc/detail?realtime&url=http%3A%2F%2Ffawen.news.so.com%2F079dab7640172efdc2128f03c3bd143f&check=e44c02ef4eb39cd4&sign=360_b4ea816d.

性养老对策的有力补充。

三、文化交融：孝文化传播对话世界文明的路径

"美国《21世纪外语教学标准》曾对文化作了三种划分，即文化观念（意义、态度、价值观、思想）、文化习俗（社会互动模式）、文化产品（书籍、工具、食物、法律、音乐、游戏）。"①孝文化传播对话世界文明，从孝文化观念、孝文化习俗、孝文化产品的角度来讲，应当加强中国与世界其他国家的人文交流与经贸合作，同时借助现代传媒向世界讲好中国孝故事。"'一带一路'不是规划世界而是融入世界。"②中国怎么融入世界？以人文交流、经贸合作、传媒互联为纽带。以孝文化的跨文化传播为例，探讨孝文化传播对话世界文明、融入世界文明发展的路径，建议"讲好孝文化内涵故事、做好孝文化特色产业、建好孝文化海外传媒"。

（一）讲好孝文化内涵故事

讲故事是跨文化交流最有效的传播，"'意义的协调和管理'理论认为：如果传播双方共享了某个故事，即对正在发生的事情有共同的理解，无论双方感到高兴与否，那么他们就具有共享一致性，能够相互理解，这样就能带来更高层面的协调"③，这种更高层面的协调就是中外文化的认同与交融。如何对外讲好中国孝文化故事？其一，就故事的传播内容而言，"'一带一路'倡议和'构建人类命运共同体'宏伟蓝图的提出，要求我们侧重讲述的是中国如何与世界共同发展、推动东西方文明交流互鉴的故事"④。孝文化对于解决全球性的养老难题、促进和谐世界的建设、共建人类命运共同体等方面具有借鉴意义，好莱坞动画片《花木兰》就是用孝子花木兰讲好中国孝文化故事的成功案例，花木兰替父参军，既是尽孝又是为和平使命而战，具有普适价值；中国的孝子资源十分丰富，孝文化的海外传播应当深挖孝

---

① 赵明.对外汉语文化教学的误区和目标[J].云南师范大学学报（对外汉语教学与研究版），2013, 11（3）：81-88.

② 周汉民.一带一路，不是中国规划世界，而是中国融入世界[EB/OL].（2017-07-11）[2019-06-19]. https://www.jfdaily.com/news/detail?id=58819.

③ 谢娜，王尧美.中华优秀传统文化的跨文化传播[J].青年记者，2017（32）：30-31.

④ 史安斌，盛阳."一带一路"背景下我国对外传播的创新路径[J].新闻与写作，2017（8）：10-13.

子典型资源，讲好能与世界文明对话的孝文化故事。值得注意的是，讲好故事固然重要，为世界文明发展贡献中国的文化价值更加重要。其二，就故事的传播形式而言，要增强故事的吸引力。"2012 年，莫言获得诺贝尔文学奖，让我们思考并逐渐形成一种共识：中国不缺故事，缺的是把故事讲好的人，其关键就是要学会用世界语言讲述中国故事"①，莫言的魔幻现实主义手法，变现实为神话、梦幻与荒诞的故事表达，在中外接受美学上具有"可译性"共识，带给我们讲故事艺术的启示。中国不乏孝文化的神话故事，比如东汉时期孝子董永"卖身葬父"，其孝行感动上天，赢得七仙女爱慕，以槐荫为媒成就"天仙配"的神话；再比如三国时期孝子孟宗"哭竹生笋"，其孝行感动大地，寒冬中赐予新生的竹笋，圆了久病母亲尝笋的心愿，这些神话了的孝文化故事可以增强孝文化的跨文化传播吸引力。

（二）做好孝文化特色产业

参与"一带一路"建设，需要经贸合作走出去、引进来，在经贸合作中求认同、找共识、达交流，发展"孝特产业"②，即以孝文化特色产业吸引外国友人走进中国、了解中国、投资中国、兴业中国，并以孝文化特色产业带动中国旅游产业走出去。例如："万里茶道是 17 世纪至 20 世纪初中国茶叶经陆路输出至俄罗斯和欧洲各国的国际贸易大通道，是继丝绸之路衰落之后在欧亚大陆兴起的又一条重要的国际商道，它源于福建省武夷山市下梅村，经江西、湖南、湖北、河南、山西、河北、内蒙古向北延伸，穿越蒙古草原，抵达边境口岸恰克图，然后由东向西延伸，横跨西伯利亚，直抵俄罗斯圣彼得堡和欧洲；从 2012 年起，包括湖北在内的 8 省区成立万里茶道申报世界文化遗产联盟，万里茶道申遗工作协调会日前在武汉召开，来自中国、俄罗斯、蒙古三国文化部门及遗产保护组织的代表，首次专门就万里茶道三国联合申遗工作展开磋商，三国文化人员将形成一个三国联合申遗长效工作机制，助力万里茶道申遗，这标志着万里茶道申遗工作迈

① 李强. 故事驱动——中华文化"走出去"的一种探讨 [J]. 现代视听，2016（7）：5-13.
② 陈朝晖. 楚商孝特产业的品牌发展战略 [J]. 商场现代化，2017（10）：48.

出重要一步。"①万里茶道申遗，是"一带一路"建设中加强中外经贸合作与人文交流的大好机遇，其中须重视湖北孝文化特色产业走出去的发展战略，因为自古以来中华传统文化中茶有茶道、孝有孝道，关键是茶道中有孝道，比如中国婚礼中就有拜高堂（父母）敬孝茶的习俗，将孝文化融入茶文化中，使茶贸易不仅有了故事，更有了文化的意味，这对于促进中国茶产业的对外贸易大有裨益。前不久，"沙县小吃在美国开业3小时就关门，竟因人太多"的消息②，给人以启示：孝文化特色的饮食产业在海外也应大有市场。以具有湖北孝文化特色的饮食产业为例：浸润着孝感孝文化的孝感麻糖、米酒，大悟孝文化"悟道茶"，孝子为母止咳研制而成的武穴酥糖……这些具有孝文化特色的饮食产品都可以在海外发展中占有一定的市场份额。再比如："新加坡潮人善堂为亡灵举行亡斋的传统习俗，俗称'做功德'，这是一种救赎亡灵、抚生恤死的仪式，除了具有宗教上的功能外，其中还蕴含着'冥孝'观，并对维护家庭、家族的秩序，以至于社会关系起着积极的作用"③；其实，新加坡的"做功德"习俗与中国的丧葬祭祀习俗有相似之处，国内围绕"冥孝"已形成了产业链，是否向海外拓展值得思考。此外，在这些孝文化特色产业的带动下，可以面向海外游客发展孝文化特色的中国旅游产业，例如武汉黄陂花木兰故里的孝文化旅游圈开发、孝感董永故里、孝昌孟宗故里、云梦黄香故里的孝文化旅游圈开发。

（三）建好孝文化海外传媒

如果说面向海外讲好孝文化内涵故事、做好孝文化特色产业至关重要，那么建好孝文化海外传媒更不容忽视，因为前者更需要后者的支持，没有海外传媒的孝文化传播，孝文化故事就缺少了扩大影响的载体，孝文化产

---

① 湖北日报.中俄蒙3国形成共识！湖北一地或再添世界文化遗产 [EB/OL].（2018-11-15）[2019-06-19]. https://news.cnhubei.com/xw/wh/201811/t4189804.shtml.
② 中国日报网.沙县小吃在美国开业3小时就关门　竟因人太多！[EB/OL].（2018-11-12）[2019-06-19]. http://language.chinadaily.com.cn/a/201811/12/WS5be914e8a310eff303288166.html.
③ 李志贤.做功德：新加坡潮人善堂的救赎仪式 [J].华侨华人文献学刊（第二辑），2016（3）.

业就缺少了营销推广的平台。当前网络技术成为社会发展的基础支持，成为国家着重推进的战略新领域，孝文化的网络传播自然应成为文化传播战略的新领域，同时也要基于网络技术开展具有全球视野的孝文化传播，重视海外华文媒体联盟的传播阵地建设，使孝文化传播在世界文化传播体系中占有一席之地。就孝文化的跨文化传播而言，为推动孝文化深度融入"一带一路"建设，扩大孝文化影响力，让孝文化更好地走出国门、走向世界，提高孝文化传播的创新性、传播力与影响力，首要的是建好孝文化传播的海外传媒。为助力"一带一路"建设，中国主流媒体的海外行动一直在进行，例如：新华网葡萄牙文网站上线，人民日报海外网非洲新闻网上线，央视新闻频道和纪录片频道在巴基斯坦落地，中国日报与微软全球媒体云战略合作。国内各地媒体的"走出去"行动也在紧锣密鼓的进行中，例如：华西都市报登陆韩国，海南日报与印度北方日报共谋合作，重庆广电集团与韩国阿里郎国际电视台合作，吉林日报社、俄罗斯滨海边疆区报社、蒙古国中央群众杂志社、韩国江原日报社发起成立东北亚媒体合作联盟，湖北长江传媒注册非洲公司也是"走出去"的关键一步，我们期待传媒"走出去"的步伐迈得更大、更有力些，对于孝文化传播的海外传媒及其品牌栏目，不能付诸阙如。

孝文化是民族的也是世界的，"当代围绕中国问题发生的所有重大经济政治和文化问题都具有全球性意义……为了应对这种全球化挑战，中国必须寻找和制订一套自己的全球化战略"[①]。在全球化浪潮中，世界多元文化之间的危机，以及各国发展不平衡的问题，导致经济、政治和军事冲突，并制约着国家的发展。在此背景下，增强各国对中华文化的认同，与世界文明展开对话，是"一带一路"建设的前提。孝文化是中华文明的积淀与根脉，是中华优秀传统文化的重要基因，孝文化如何对话世界文明？归根结底，源于对孝文化的认同。基于这种认同，孝文化传播对话世界文明成为可能，孝文化可供世界文明发展的借鉴价值，主要体现在"构建和谐社会的治理经

---

① 何新.何新近期政论：论政治国家主义 [M].北京：时事出版社，2003：10.

验""共建命运共同体的人本智慧""全球性养老对策的有力补充"等方面，我们应探讨孝文化传播对话世界文明、融入世界文明发展的路径，以孝文化的跨文化传播为例，建议"讲好孝文化内涵故事、做好孝文化特色产业、建好孝文化海外传媒"。

民间风俗的孝文化传播路径与功能

风俗是一个古老而重要的文化概念，是一种约定俗成的文化仪式，它与人类社会的生产生活密切相关，社会性、地域性和传承性是其突出特征。以荆楚风俗为例，其中的孝文化传播，在地域风俗发挥文化传播与传承功能方面具有代表性，研究荆楚风俗中的孝文化传播表现类型、演变创新、功能价值，对促进社会文明的发展具有重要作用。

一、研究问题的由来

"风俗"的概念，在我国最早见于《礼记·王制》，广泛应用于汉代，之后出现了众多记录和研究风俗的文史资料，反映出风俗对人类社会起着潜移默化的文化规范和影响作用。纵观古今对风俗的研究，风俗被认为是特定区域、特定人群沿革下来的风气、习俗的总称。如《周礼》说："俗者习也，上所化曰风，下所习曰俗。"

一般认为，由自然条件不同造成的风气差异，称之为"风"；由社会条件不同造成的习俗差异，称之为"俗"。所谓"百里不同风，千里不同俗"，正说明风俗因地、因人、因时而异的特点，它是一种社会文化传统，具有社会性、地域性、传承性和变革性。一方面，文化受地理环境的影响十分明显，风俗作为一种文化形态，也必然深受地域的影响；另一方面，风俗在其传承中经历时代变迁，受社会发展条件改变的影响，从而产生变异。某些当时流行的风俗，因时过境迁，原有不适宜的部分，也会随着历史条件的变化，发生"时异俗易""移风易俗"的改变。总之，风俗是在传承与变革的互动中不断发展的。

就荆楚风俗而言，其中浸润着传统文化的内涵，蕴藏于内的孝文化传播是一种具有地域特色的文化传播与传承现象。随着时代的变迁，荆楚风俗中的孝文化传播，既有优良的传统，又有不合时宜的部分，如何适应时代的变化，在传承、变革、创新中，既突出民族特色、地域特色，又承载文化传播的功能，值得思考和探索。

二、民间风俗的孝文化传播路径

风俗是祖辈留下来的文化遗产，一般分为物质文化遗产和非物质文化遗产。风俗中的孝文化是一种非物质文化遗产，荆楚风俗中的孝文化传播，体现出孝亲敬老的优秀中华传统，主要表现为以下几种类型：节庆风俗的孝文化传播、婚礼风俗的孝文化传播、葬祀风俗的孝文化传播。

（一）节庆风俗的孝文化传播

中国传统节日发端于中华民族的农耕生活，与中国的24节气紧密相关。历经千年岁月的历史文化沉淀，形成了今天中国富有民族文化特色的传统节日。在漫长的发展过程中，中国传统节日多受到孝文化的深刻影响，荆楚地区的节庆风俗也不例外，孝文化传播主要蕴含于庆祝春节、中秋节等节庆的荆楚风俗中。

以春节为例，中国春节的节庆风俗很多，如贴春联、挂年画、贴窗花、放爆竹、吃年饭、穿新衣、守岁、拜年等，各种讲究的风俗营造出节日喜庆、欢乐的热烈氛围。其中，荆楚春节的年饭、拜年风俗最能体现传统孝道。每逢中国的春节，成千上万的人从全国各地回到自己的家乡，一年一度的春节大团聚，吃团年饭对于一个家庭来说是最为和美与欢乐的时刻。在荆楚地区，吃年饭主要是家庭成员的聚餐，是忌讳外人参与和打扰的，有时候也会扩展至家族成员的参与，邀请家族中辈分高、关系亲的年长老人入座，在座序上父母或家族长辈坐上位，其他家庭成员依次按辈分高低对应座位。荆楚团年饭的风俗一般安排在除夕夜之前，过了大年夜，令孩子们最兴奋的春节风俗就是拜年。在农村的大年初一，家中凡未成年的孩子一大早穿上新衣服，吃上一碗长寿面，先是在父母的带领下给家中的祖辈拜年，然后挨家挨户给同村的长辈拜年，拜年时要双手作揖，口中连念祝福语，如"新年快乐、恭喜发财"之类，长辈便拿出压岁钱或好吃的糖果点心之类以谢礼。再以中秋节为例，"中秋节与端午节、春节、清明节并称为中国四大传统节日，中秋节自古便有祭月、赏月、拜月、吃月饼、赏桂花、饮桂花酒等风俗，流传至今，经久不息；中秋节以月之圆兆人之团圆，为寄托思念故乡，思念亲人之情，祈盼丰收、幸福，成为丰富多彩、弥足珍贵的文化遗产"①。荆楚中秋节的节庆风俗，除了保持赏月和吃月饼的传统之外，还有一个讲究就是子女给父母送节礼，当女婿的要携妻回娘家拜望岳父母，节礼是月饼或其他副食。

荆楚节庆风俗的孝文化传播，适应时代发展而演变。荆楚吃年饭的风俗由"孝亲宴"演变为"敬老宴"，这在古代社会中同样可以找到例证，据史书记载，周朝每年都大规模地举行一两次"乡饮酒礼"，其目的是"正齿位，序人伦，敬老重贤，息事端，敦睦乡里"；清朝的"千叟宴"更为后人津津乐道，康熙帝 69 岁生日时，曾邀请全国 70 岁以上老人赴京应宴，参加者有 2417 人。荆楚拜年的风俗，随着通信的发达也由"登门拜年"转向"电话拜年""微信拜年"。荆楚中秋节的"节礼"风俗，由"节礼"仪式转变为看重"家庭团圆"和"常回家看看"的实在孝心。

（二）婚礼风俗的孝文化传播

婚礼，无论古今中外，皆被视为人生仪礼中的大礼。中国的传统婚礼是华夏文化的精粹，自古以来，人们认为家族和血统的延续是晚辈不容推辞的责任，即所谓"不孝有三，无后为大"，因此，把男女联姻、传宗接代的婚姻之礼放在一个很重要的地位，处处反映着子女对父母的孝敬与感恩。荆楚各地的婚礼风俗则在孝文化传播中体现出独特的文化特色。

中国的婚礼可分为三个阶段：婚前礼（订婚之礼）、正婚礼（结婚或成婚之礼）、婚后礼（成妻或成婿之礼）。在传统的婚礼风俗中，婚前礼和正婚礼是主要程序，源自周朝的六礼。据《礼记·昏义》记载："昏礼者，将合二姓之好，上以事宗庙而下以继后世也，故君子重之。是以昏礼纳采、问名、纳吉、纳征、请期，皆主人筵几于庙，而拜迎于门外。入，揖让而升，听命于庙，所以敬慎重正昏礼也……敬慎重正而后亲之，礼之大体，而所以成男女之别而立夫妇之义也。男女有别而后夫妇有义，夫妇有义而后父

---

① 360 百科·中秋节 [EB/OL].（2023-04-27）[2023-07-19]. https://baike.so.com.

子有亲，父子有亲而后君臣有正。故曰：昏礼者，礼之本也。"①从中可见，中国古代社会重视礼制与长幼有序的伦理秩序，体现了对人性关爱的孝文化，同时也对家庭与社会的和谐起到了重要的维护作用。所谓"六礼"，分别是纳采、问名、纳吉、纳征、请期、亲迎。六礼历经汉、唐、元、明、清等历朝历代的演变，多有增减修改。至当代，婚礼礼仪从简，"六礼"之说虽已淡化，但依然能找到古礼的影子，只不过是以新的形式出现和存在。荆楚婚礼风俗中的孝文化传播也以新的传播方式常见于婚礼的拜堂、敬茶、回门等流程中。拜堂：一拜天地，二拜高堂（父母），夫妻对拜，拜过之后，女方正式成为男家的一员。敬茶：将新娘介绍给家中长辈认识，并改口称对方父母为"爸妈"。回门：结婚三天后，新娘由新郎陪同回娘家，带上礼物先问候女方父母，之后再祭祖。以上这些流程中，尽管在细节上各地略有变化，但都体现着对天地祖先的敬奉和对父母长辈的孝道。以拜堂的细节为例：武汉、鄂州、黄冈、黄石等地讲究"先拜天地，再拜祖先，后再向双亲奉茶跪拜"；孝感讲究"四礼八拜：拜祖先，拜父母，拜主要亲戚，拜本家老人"；宜昌讲究"先拜天地，再拜公堂，三拜父母，四拜媒人，五拜姑嫂姨，六拜来亲，七拜亲朋，八是夫妻互拜"；咸宁讲究"先拜祖宗，再拜父母，后拜叔、伯、兄、嫂以及亲戚中的尊者、长者"。

随着时代的发展，特别是年轻人追求时尚潮流的需要，教堂婚礼、旅行婚礼等婚礼仪式在本土出现，婚俗渐渐呈现出越来越简单、越来越现代的趋势。荆楚婚礼风俗的孝文化传播适应时代和社会发展的步伐，摒弃了一些封建、繁缛的内容，比如：过去男方在出门迎娶新娘前要祭拜天地祖先，告知有婚事举行，现在大多简化了；过去如果新娘有孕，拜堂中是不能向祖先磕头的，磕头意味着对祖先不敬，只能点头或鞠躬，现在这个老规矩也可以破例了（见于随州风俗）。总之，荆楚婚礼风俗是以中国传统文化为基础发展起来的，"孝"是我国传统文化的核心与思想精髓，在一定程度上，荆楚婚礼风俗的孝文化传播直接影响着婚姻家庭的幸福美满和社会

---

① 百度百科．礼记·昏义 [EB/OL]．（2023-04-06）[2023-07-19]. https://baike.baidu.com.

的和谐稳定。

（三）葬祀风俗的孝文化传播

葬祀风俗，主要指丧葬风俗和祭祀风俗。子曰："生，事之以礼；死，葬之以礼，祭之以礼。"（《论语·为政》孟懿子问孝）当鲁国的大夫孟懿子问孔子何为孝时，孔子委婉地让与孟懿子关系不错的樊迟去转答："孝就是不要违背礼"，不违背礼即"父母活着的时候，要按礼侍奉他们；父母去世后，要按礼埋葬他们、祭祀他们"。孔子要求人们尽孝，无论父母在世或去世，都应依礼而行。这种善待已故父母的礼，经过长期延续就形成了丧葬风俗和祭祀风俗。荆楚地区的葬祀风俗中，诸多礼俗传播着"慎终追远""寻根问祖"的孝文化。

"孝"是丧葬文化的精神内核，荆楚丧葬风俗自始而终贯穿着一个"孝"字。服丧期间，重孝者披麻戴孝，包括披孝衣、戴孝巾（头顶的布巾）、系孝环（手腕的麻束线），孝衣孝巾披戴有辈分之分：白布——死者同辈、外亲；麻布——子女儿媳；萱布——孙侄甥；浅布——曾孙辈；黄布——玄孙辈；红布——直系玄孙。和丧事有关的诸多人事物都带有个"孝"字，直系或旁系的晚辈叫孝子，主家给亲友发一条白布巾叫散孝，头顶的白布圈叫孝帽，身穿的白长衫叫孝衫，孝子手里握着缠白纸的柳棍叫孝棍，灵前烧纸钱的瓦盆叫孝盆。丧事中间用的一些物品也传播着孝道，如孝子哭丧拄孝棍，意为哀其不食、行走无力之故须用杖扶持；腰间系粗麻，意为悲哀消瘦、裤带松弛故以粗麻系之。从开吊到哭灵谢孝、出殡送葬，丧葬仪礼的整个过程贯穿着孝文化的传播，即借对逝者的追悼给活人做好孝子的榜样。

祭祀风俗是丧葬风俗的延续，荆楚地区在逝者落葬后的祭祀风俗有"设灵、圆坟、做七、馨香、除灵"等，以加深对逝者的追思与缅怀。葬礼结束后，家中设灵位于厅堂称"设灵"；"殡葬后第三天，孝子孙去坟前祭扫，给坟墓培土称为'圆坟'；以逝者去世之日算起，每一个第七日，孝子孙应在灵位前点烛燃香，举行祭奠仪式，到第五个七日为止，称为'做七'"①；"春节的大年初一，亲戚朋友都要前往逝者家中，先在灵前祭拜祝逝者在阴间新年安好，再到屋外门口烧纸钱、放鞭炮，称为'吊馨香'；以逝者去世年数为期，逝者家中服孝的春节门联颜色有讲究，第一年为白色，第二年为黄色，第三年为绿色，三年服孝期满，遂将灵位焚化，谓之'除灵'"②。服孝期满后的祭祀，一般安排在春节、清明节、重阳节、中元节，这四节是中国传统的祭祖大节，荆楚地区的祭祀风俗继承了这一传统并传播着独特的孝文化：春节祭祖于除夕当天备酒饭以祭，清明节祭祖备纸扎鲜花、元宝之类以祭，重阳节祭祖可修坟立碑，中元节祭祖"烧包袱"给祖先寄纸钱，每个节日不同的讲究寄托着孝子孙的孝心，希望祖先在阴间吃好、用好、住好、不缺钱花。

《礼记》曰："养则观其顺也，丧则观其哀也，祭则观其敬而时也，尽此三道者，孝子之行也。"主要从生、丧、祭三方面提出了衡量一个人是否孝敬父母的标准。对待父母，在父母死后要与生前一样的孝顺与敬重，视死如生不仅是孝道的重要标志，也是尊老敬老的美德。荆楚葬祀风俗的孝文化传播也有一定的时代性，适应社会发展步伐，经过移风易俗，绿色葬祀成为趋势，如葬祀仪式尽量从简、祭祀扫墓禁放鞭炮、网络葬礼与祭祀兴起等，人们在葬祀风俗中表达和传播孝心的方式与观念在渐渐改变。

三、民间风俗的孝文化传播功能

关于文化的功能，英国文化人类学家马林诺夫斯基有过精辟的论述，他认为"文化根本是一种手段性的现实，为满足人类需求而存在"。风俗作为一种独特的文化形态，其文化功能包括"个人教化、群体规范、社会整合"三个层面。就此而言，荆楚风俗的孝文化传播具有以下三种功能。

其一，荆楚风俗的孝文化传播具有道德教育的功能。从个人层面上看，

---

① 中国清明网. 湖北荆楚地区殡葬习俗 [EB/OL].（2015-08-12）[2019-06-19]. http://www.tsingming.com/funeral/show/465120259121/.

② 第一星座网. 湖北丧葬习俗，你知道多少？[EB/OL].（2018-06-12）[2019-06-19]. http://www.d1xz.net/wenhua/chengshi/art97485.aspx.

文化起着熏陶个人品德的作用。风俗具有较强的伦理品性，道德教化是风俗的文化职责。"夫民俗盛衰之故系于人心，正人心厚民俗存乎教化。""故欲振国势，必先挽颓风，挽颓风必先从社会风俗着手。"自古以来，"广教化，美民俗"成为治国的政治目标，"良风美俗"通常来自于社会上层的提倡与示范，主张对民众施行教化，正人心，以正民俗，以道德自律与法制规范相辅相成。"夫孝，德之本也，教之所由生也。"（《孝经·开宗明义章第一》）孝文化是一切道德教化的基础，荆楚风俗的孝文化传播是道德教育的根本。如荆楚风俗中吃年饭之前需要祭祖，这种类似于宗教的信仰，并不是信仰神明而是信仰祖先，信仰家族的历史传承，通过家庭祭拜这种仪式，人们学会成为一个有孝心有道德的人，敬天法祖，慎终追远。

其二，荆楚风俗的孝文化传播具有构建伦理秩序的功能。从群体层面上看，文化起着秩序规范的作用。"以农业经济为基础的封建社会统治了中国几千年，这种封建的宗法社会，在民族心理上造就了两个特点：一是对血缘关系的高度重视，二是对等级差异的强调。"①这意味着，基于民族心理特点的社会治理，必须重视伦理秩序的构建与规范。"中国自古就有重视风俗的传统，'为政必先究风俗''观风俗知得失'是历代君主恪守的祖训，最高统治者不仅要亲自过问风俗民情，还要委派官吏考察民风民俗，在制定国策时以它作为重要参照，并由史官载入史册，为后世的治国理政留下治理风俗的经验。"强调长幼有序的孝文化是伦理秩序建设的思想基础，荆楚风俗的孝文化传播对于调节人与人、人与社会的关系，对于构建和谐社会应有的伦理秩序具有重要作用。湖北荆州人、明代首辅张居正夺情（中国古代礼俗，官员遭父母丧应弃官居家守孝）一事招致天下读书人的不满，也导致万历新政后来的改革处处受阻，可见孝作为伦理规范在古代社会治理中与法律一样重要。

其三，荆楚风俗的孝文化传播具有增强民族团结的功能。从社会层面

---

① 搜狗百科．风俗 [EB/OL]．（2023-04-27）[2023-07-19]．http：//baike.sogou.com.

上看，文化起着社会整合的作用，文化的整合作用是民族团结的基础。一个民族能够在瞬息万变的世界里一直延续，都是靠着本民族的民风民俗而生存下来的。一个社会如果缺乏整合，必将四分五裂；一个民族如果没有文化的认同，势必走向消亡。文化认同使中华 56 个民族在心理上和行为上联结在一起，维系着炎黄子孙为着共同的信仰和奋斗目标而努力。孝文化是中华文化的根，是炎黄子孙共同的文化信仰，荆楚风俗的孝文化传播引导人们寻根问祖，保持文化传统，起到增强民族凝聚力的作用。

书院孝文化传播的当代价值

在中国书院发展中，古代书院主要将道德教育的文化传播当作办学的主旨和最高目标，以孝为首的德育文化传播，在书院的发展史上形成一种传统，绵延千年。当代书院的发展沿袭这一传统，并在孝文化传播的实践中进行了诸多变革与创新，体现出符合当代价值的现实超越。

一、书院孝文化传播的历史传统

书院是中国古代最富人文追求和创新精神的文化教育组织。"中国书院最早见于唐代，初用于藏书，唐末时开始招收学生，逐渐衍生教育因素，书院也从藏书、读书场所变成教育机构，两宋时期达到鼎盛，元明时期在起起伏伏中转衰，止于清末的学制改革，书院制度瓦解并消失。"①新中国成立后，特别是随着改革开放后40多年的经济振兴，在当下推进文化大发展大繁荣的背景下，中国书院如雨后春笋般恢复或创建。

"自唐以来历经千余年的发展，中国书院数曾达到七千多所，分布于各省区城乡，为中国教育、文化、学术、出版、藏书等事业的发展，对民俗风情的培育以及国民思维习惯、伦常观念的形成都作出了诸多贡献。"②中国历史上著名的"十大书院"分别是：丽正书院、应天书院、岳麓书院、嵩阳书院、石鼓书院、白鹿洞书院、茅山书院、徂徕书院、丽泽书院、东林书院。当下流行的中国"四大书院"之说分别是：（东）万松浦书院、（南）岳麓书院、（西）白鹿书院、（北）中国文化书院。

中国书院的发展无论经历怎样的历史变迁，书院都秉持"明道"（明人伦之道）。教育的文化传播功能一直未变，书院在悠久的中国道德与文化教育史上亦占有重要的一席之地。古代教育家不主张将思想道德教育与文化知识教育孤立开来，因此中国古代的书院道德与文化教育同行。而在

---

① 邓霞.中国书院博物馆开馆 展示古代书院千年发展史 [EB/OL].http://www.chinanews.com/cul/2012/06-14/3964687.shtml.
② 邓洪波.中国书院史 [M].上海：东方出版中心，2004：7.

所有的德目中以"孝"为首，"孝"是中国传统文化中非常核心的观念，由此衍生的孝文化渗透在人们的思想道德观念与社会生活实践中，书院教育的孝文化传播是中国书院道德教育的重要内容。

二、书院孝文化传播的当代实践

以岳麓书院为例，岳麓书院深厚的优秀传统文化，见于"忠、孝、廉、节"的创始"校训"中。"'忠、孝、廉、节'的石碑刻于岳麓书院讲堂，为朱熹所题写；用现代价值重新诠释，'孝'就是尊老和敬老，'忠'就是要忠于国家和民族的爱国情怀，'廉'就是尚朴素而崇廉洁，'节'就是维护民族和个人尊严。"①从岳麓书院"忠、孝、廉、节"的校训中可见，传播孝文化的孝德教育是古代中国书院的办学要旨和教育实践的重要指导思想。当代中国书院延续了这样的传统，并在社会实践中进行了孝文化传播的创新，以下列举一些案例供参考（见表1）。

表1　2011—2015年全国部分书院孝文化传播案例一览表
（按活动时间顺序排列）

书院	活动名称	主要模式	举办时间
和圣书院	"敬老饺子宴"活动	孝实践体验	2015年7月20日
慈光书院	暑期传统文化孝亲夏令营	孝实践体验	2015年7月18日
板仓书院	板仓书院国学讲座	孝学术讲座	2015年6月27日
舜德书院	德育实践活动	孝实践体验	2015年4月7日
银冈书院	银冈书院大讲堂	孝学术讲座	2015年3月30日
尼山书院	国学公益讲堂	孝学术讲座	2015年3月14日
明德书院	孝道专场讲座	孝学术讲座	2015年2月8日
孝雅书院	传统书院文化与儒学普及国际论坛	孝文化论坛	2014年12月20日
弘德书院	第五届海峡两岸姓氏文化论坛	孝文化论坛	2014年10月19日
东林书院	快乐国学"笑声孝语"活动	孝经典解读	2014年8月8日
双杏书院	暑期孝文化课堂	孝经典解读	2014年7月11日
孝德书院	孝文化之旅青少年夏令营	孝实践体验	2014年7月20日

---

① 彭世文.岳麓书院深厚的优秀传统文化：忠、孝、廉、节[EB/OL].（2015-01-15）[2019-11-04]. http://china.rednet.cn/c/2015/01/15/3577339.htm.

续表

书院	活动名称	主要模式	举办时间
清晖书院	公民道德修养中心课堂	孝文艺展演	2013 年 10 月 27 日
秋浦书院	孝文化传承活动	孝经典解读	2013 年 10 月 7 日
亨达书院	中华传统文化大讲堂	孝学术讲座	2013 年 9 月 30 日
舫山书院	康乐大讲堂	孝学术讲座	2013 年 5 月 15 日
问津书院	问津国学论坛	孝学术讲座	2012 年 12 月 24 日
华鼎书院	传统文化课程	孝经典解读	2011 年 11 月 29 日
感恩书院	文化学者为村民授课	孝学术讲座	2011 年 11 月 26 日
圣源书院	中华孝文化论坛	孝文化论坛	2011 年 5 月 14 日

资料来源：收集于互联网。

表 1 列举了 2011—2015 年全国 20 座书院的孝文化传播案例，从孝文化传播的模式上来看，主要包括孝文化论坛、孝学术讲座、孝经典解读、孝文艺展演、孝实践体验等几种类型。从总体上看，当代书院的孝文化传播实践突出体现三个特征。

其一，重视孝文化的学术传播，包括孝文化论坛和孝学术讲座两个方面，两者都具有学术性但也有差别，孝文化论坛倾向于孝文化传播中的学术对话与交流，而孝学术讲座倾向于孝文化传播的知识传播与普及。

其二，重视孝文化的生活传播，包括孝文艺展演与孝实践体验两个方面，孝文艺展演是以歌曲、舞蹈、书画、话剧、诗歌朗诵等艺术表演形式传播孝文化，孝实践体验是以敬老行动、亲子互动、礼仪活动等生活体验形式传播孝文化，两者都将孝文化传播融入日常生活中。

其三，重视孝文化的经典传播，主要是指通过经典学习与解读来传播孝文化，比如《孝经》、古今《二十四孝》、《弟子规》以及诸子百家中与孝文化相关的故事与思想论段，当然在当代对这种传播大多持一种批判继承的态度。

以表 1 的案例为样本进行统计后发现：在当代书院的孝文化传播现状中，孝学术讲座占 40%，孝文化论坛占 15%，合计占 55%，孝文化的学术传播所占比重最大；其次，所占比重较大的是孝文化的生活传播，孝实践体验占 20%，孝文艺展演占 5%，合计占 25%；孝文化的经典传播所占比重最小。这说明，在当代书院的孝文化传播实践中，孝文化的经典传播得到继承但缺乏活力，需要创新与变革；孝文化的生活传播潜力很大且有待开拓，特别是孝文艺展演发展的空间很大，孝实践体验吸引力很强；孝文化的学术传播接近于现代大学的办学取向，主要起到科学研究和服务人才培养、服务社会发展的作用。

以武汉电视台开办的《问津国学讲坛》栏目为例，该栏目以问津书院为文化背景，内容涵盖哲学、史学、宗教学、文学、礼俗学、考据学、伦理学、版本学等国学内容，其中以儒家哲学为主流，开播不久即邀请专家作孝文化专题讲座《说孝归去来》，这是书院借助现代传媒技术进行孝文化传播创新的样本之一。当代书院如何在继承历史传统的基础上进行孝文化传播的实践创新，如何在增强孝文化传播活力的基础上进行相关文化产业的开发，从而更好地发挥书院的文化传承与道德教育功能以及经济建设的作用……上述问题值得我们去不断研究与探索。

三、书院孝文化传播的现实价值

孝文化历史悠久，在中国传统文化中占有十分重要的地位，其文化精华和价值不仅在古代社会发展中起过长治久安的作用，而且在当代社会发展中仍然具有极其重要的现实意义。当代书院孝文化传播的现实价值，主要与以下几个方面相关联。

一是构建社会主义和谐社会需要孝文化。家庭是社会的小细胞，也是孝文化的发源地，孝文化是家庭和谐的根本，家庭和谐是社会和谐的基础。孝是中华民族的传统美德，也是构建社会主义和谐社会的重要内容。自古以来，孝文化对于定国安邦、社会稳定、经济建设起着积极作用。人们不仅要把孝作为安身立命之本，更要把孝当成是一种思维和生活方式，正如"小孝持家、中孝敬业、大孝爱国"，不孝则难以立家、立业、立国。

二是破解老龄社会的养老难题需要孝文化。"我国现在已步入老龄化国家之列，老龄人口基数大，增速快，困难老人数量多，'未富先老''空巢老人'等现象十分普遍；'何处安放暮年'是我们每个人无法回避的现实与挑战；对于建构养老保障这样一个社会系统工程，我们固然要大力发展经济，不断完善社会保障体系，但与此同时，也必须弘扬孝文化，以孝文化养老，发挥孝文化应对老龄化社会养老难题的重要作用。"①

　　三是培育与践行当代中国核心价值观需要孝文化。孝文化是中国传统文化在悠久历史发展中孕育、诞生和发展起来的，是中国传统文化的精髓与灵魂。中国传统孝文化历经了远古时期的萌芽、西周的兴盛、春秋战国的转化、汉代的政治化、魏晋南北朝的深化、宋明时期的极端化直至近代的变革，是在中国长期的历史发展中积淀而成的。清代康熙帝曾发谕旨颁布"核心价值观"：敦孝弟以重人伦；笃宗族以昭雍睦……（康熙《圣谕十六条》）曾将孝作为核心价值观之首。当代中国社会主义核心价值观与传统孝文化的基本价值追求一致，孝文化为社会主义核心价值观建设提供了精神基础和思想传统。

---

① 肖波．当代中国需要孝文化 [EB/OL]．（2015-05-30）[2015-07-09]．http://www.youth.cn.

动漫孝文化：青少年德育中的"诺亚方舟"

常言道，子女是父母心中的太阳，让父母既感到温暖又充满希望。然而，在青少年思想道德教育中，由于孝德教育不力造成的孝德缺失，不仅让一些父母体会不到儿女的温暖，反而感到痛心甚至绝望。如何有效地对青少年进行孝德教育，避免悲剧的发生，是当今社会广泛关心、关注的焦点话题。动漫孝文化是一种备受青少年喜爱的孝文化新形式，对广大青少年吸引力大、感召力强、影响力深。在"不孝悲剧"中，它必将成为承载青少年德育之重的"诺亚方舟"。

一、新时期青少年"孝德"缺失之痛

新时期，由于中国现代化、城市化进程不断加快，社会竞争日益激烈，在学业、工作和家庭的多重压力下，父母与子女之间的孝德情感培养都受到了时间和空间的挤压。一些因青少年孝德缺失而引发的悲剧案例，令人痛心疾首。

案例一：一位"辛酸父亲"的来信

2004年11月1日下午，在南京大学逸夫楼前的公告栏上贴出了一封署名为"一位辛酸父亲"的来信，信中述说了儿子的种种伤心往事。如"在你读大学的第一学期，我们收到你的3封信，加起来比一份电报长不了多少，言简意赅，主题鲜明，通篇字迹潦草，只一个'钱'字特别工整而且清晰。你说你学习很忙，没时间写信，但同院你高中时代的女同学，却能收到你洋洋洒洒几十页的信，而且每周一封"，"正值你妈下岗，而你爸微薄的工资，显然不够你出入卡拉OK、酒吧、餐厅。在这样的状况下，你不仅没有半句安慰，居然破天荒来了一封长信，大谈别人的老爸老妈如何大方"，"最令我伤心的是，今年暑假，你居然偷改入学收费通知，虚报学费……来对付生你养你爱你疼你的父亲母亲"。

案例二：接二连三的"弑父弑母"案

"2000年1月17日中午，浙江省金华市17岁的高二学生徐某，为学习与母亲发生顶撞，因不堪忍受学习重负，从门口拿起一把木柄榔头朝正在绣花的母亲后脑砸去，将母亲活活砸死。"①"2005年9月21日晚，广东省某大学学生董某，为自己退学重考一事与父亲发生争吵，在其父毫无防备的情况下，他从书包中拿出一把长30厘米的水果刀向父亲连砍带刺，追杀持续近半个小时，将其父亲残忍杀害。"②"2007年6月12日，16岁网瘾少年张某，为了释放与父母多年积累的仇恨，让自己过上无拘无束的生活，他将母亲打晕、掐死、割喉，然后又发疯似地举刀朝着父亲猛砍。"③这些"弑父弑母"的悲剧中，凶手都是青少年。

案例三：网络争议中的"父母皆祸害"

曾有一个网络话题"父母皆祸害"备受关注，成为媒体关注的热点和舆论的焦点。"父母皆祸害"是豆瓣网上一个讨论小组的名字。这个小组创建于2008年1月18日，起初并不知名。2010年7月初，经《南方周末》报道后，被媒体推到风口浪尖。这个存在了两年多时间、拥有组员过万的网络群组，因其"离经叛道"的群组名称和话题，引发了人们的强烈争议。这个小组里聚集了一群在父母与子女关系中遭遇挫折的年轻人，他们大多是青少年，自诩为"小白菜"，认为父母是"祸害"，家是"世界上最没法谅解的地方"。用他们自己的话说："不是现实中没爹没娘，而是精神上没爹没娘。"④

由上可见：案例一反映的是父亲对儿子不讲孝道、缺乏责任、感恩意识

---

① 人民网."好学生"徐力不堪忍受学习重负杀死生母 [EB/OL].（2003-08-01）[2010-08-20]. http://www.people.com.cn/GB/historic/0117/5629.html.

② 南方都市报.大学生弑父悲剧解读 家庭教育问题敲警钟 [EB/OL].（2006-11-30）[2010-08-20]. http://learning.sohu.com/20061130/n246714379.shtml.

③ 腾讯网.少年杀母事件调查 [EB/OL].（2008-04-10）[2010-08-20]. http://news.qq.com/a/20080410/001921.htm.

④ 百度百科.父母皆祸害 [EB/OL].（2010-08-11）[2010-08-20]. http://baike.baidu.com/view/3928082.htm.

淡薄的伤心与绝望；案例二、三反映的是子女对父母的冷漠、憎恶甚至仇恨。"慈乌有反哺之恩，羔羊有跪乳之义"，子女不懂感恩也罢，更让人难以接受的是，视父母为祸害，弑父弑母这种丧失人伦的行为不但为人类所不齿，就是禽兽也极为罕见。这些案例反映的悲剧，不仅有青少年孝德缺失之痛，而且还有孝德教育失败之痛。这种痛，既是父母之痛、家庭之痛、学校之痛，也是社会之痛。

二、应时而起的动漫孝文化备受青睐

动漫孝文化，是人们以动漫技术为手段，以动漫形式为载体，以孝文化资源为依托，在从事动漫活动时所创造的一种全新形式的孝文化。针对青少年孝德缺失的危害和孝德教育存在的严峻问题，应时而起的动漫孝文化备受青睐。

2007 中国动漫产品消费状况及消费趋势调查报告显示，动漫爱好者群体中，75.1% 是青少年。中国有 4 亿青少年，这构成了动漫庞大的消费市场。动漫产品也已经涉及生活的方方面面，从影视、游戏、服饰、文具再到食品，动漫无处不在。从动漫产品的销售来看，音像制品以 52.7% 的比例占了大多数，其次是日用消费品，再次是游戏产品。现在玩 Cosplay（即角色扮演，指利用服装、饰品、道具及化装等来扮演动漫、游戏、影视中的某些角色，也包括自我原创的造型装扮）的人有 40% 在 20 岁到 30 岁之间，60% 集中在 15 岁到 20 岁。这些动漫爱好者、消费者正以几何级数增长着。在一些高校中，角色扮演也在不知不觉中流行，这表明动漫的影响力正在加大。而国内兴起的动漫孝文化作品也日益受到广大青少年的喜爱，具有代表性的有：《孝行今古图说》讲我国古代"二十四孝"的故事。《宝莲灯》讲孝子沉香经历种种磨难、劈山救母的传奇故事。《东海葛仙翁传奇》讲孝子葛玄救母、为民治病、孝老爱亲、行善积德的故事。《孔子》讲孔子从一个贫贱少年成长为万世师表的励志故事，分别刻画了孔子的少年、青年、中老年三个人生阶段，其中讲孔子为母亲守孝的情节十分感人。这些动漫孝文化作品已成为青少年思想道德教育的重要教育资源，反响很好。如《东海葛仙翁传奇》，这部由浙江省舟山市制作完成的动画片，在首映式后受到市民尤其是学生的极大欢迎，已作为该市首部未成年人思想道德教育片，陆续分发到各窗口单位、社区、学校、家庭、有关媒体和公共场所进行宣传教育。又如热播动画片《孔子》，经央视一套推出后就大受青少年和家长的喜爱，许多家长感慨"以前一直希望孩子能够接受一些传统文化教育，但缺乏有效的载体，动画片《孔子》正是孩子最需要的，孩子在观看动画片的过程中能够潜移默化地接受中华传统文化的熏陶，这比看一些无聊的、没有意义的动画片强多了，也不用担心会有一些不适合孩子看的东西"。①

此外，从国外引进的的动漫孝文化作品也引起了青少年的兴趣，其中日本动漫占大多数，具有代表性的是在网上被评为"七大动漫孝子"的相关动漫作品。它们分别是：《幽游白书》讲孝子藏马刚出场就为了救母亲愿意以命换命，后来快结尾在魔界那里还不时往家里打电话，向父母报平安。《龙珠》讲孝子特兰克斯对父亲的孝顺，还表现在有智慧的尊重上。打沙鲁的时候，宁愿自己的父亲被打昏也不插手相助，因为他知道自己的父亲是骄傲的塞亚王子贝吉塔！《贫穷贵公子》讲孝子山田太郎爱护弟妹同于爱护父母，他拼尽全力承担起养活众多弟妹的重任，即使父亲喜欢离家出走、母亲是个败家子也不怕。《头文字D》讲孝子藤原拓海，每天天不亮就满山跑，帮家里送豆腐，以干家务活来把孝敬父母的行动落到实处。《名侦探柯南》讲孝女毛利兰不仅要帮助父母打理家务、照顾老人，而且当父母不和时还要想办法撮合俩人的关系。《水果篮子》讲孝女本田透不忘死去的母亲，不但总是随身带着母亲的相片，而且还把母亲留给她的教诲当作人生的宝贵财富，时刻铭记。《钢之炼金师》讲爱德华、阿尔方斯这两个孩子，学习炼金术的目的就是想让自己的妈妈复活，哪怕失去了手臂、腿甚至所有也在所不惜。

值得注意的是，动漫孝文化不仅受到青少年和家长的欢迎，而且还受

---

① 华商网.动画片《孔子》央视热播 孔子不再老态龙钟 [EB/OL].（2009-10-15）[2010-08-20].
http://hsb.hsw.cn/2009-10/15/content_7495422.htm.

到文化产业界的青睐。如山东中宇动漫影视有限公司，作为国内第一家系统制作三维孝文化动画片的公司，运作了一部系列三维动画片《中华二十四孝》，该动画片已被列为山东省重点投融资的文化产业项目。又如，号称要打造"中国迪斯尼"的江通动画，制作了一部原创系列的国产动画片《花木兰》，旨在传播中华优秀传统文化，塑造中国本土的动漫明星。该片以普通少女花木兰的传奇故事传递出"忠孝勇爱，家国情怀"的主题。这些对青少年的成长都能产生深远的积极引导作用。

三、动漫孝文化承载青少年德育之重

2004 年 2 月 26 日，《中共中央、国务院关于进一步加强和改进未成年人思想道德建设的若干意见》指出：目前，我国 18 岁以下的未成年人约有 3.67 亿。他们的思想道德情况如何，直接关系到中华民族的整体素质，关系到国家前途和民族命运。可见，青少年的思想道德教育十分重要。

然而，在我国新时期由青少年孝德缺失造成的父母之痛、家庭之痛、学校之痛、社会之痛，是不是就说明我们没有重视青少年的思想道德教育呢？否。其实，我国一直高度重视青少年的德育工作。我国的教育通常被分为德育、智育、体育、美育和劳动技术教育五个组成部分，多年来我们一直倡导五育并重、德育为首。但实际上，我国青少年德育的实效性并不高。青少年德育缺乏实效性的原因是多方面的，但忽视孝德教育是其中的一个重要原因。"夫孝，德之本也，教之所由生也"[1]（《孝经·开宗明义章第一》），孝乃众德之本，是一切教化产生的根源。孝德教育是青少年思想道德教育的重中之重。

"诺亚方舟"是圣经《创世记》中的一个引人入胜的传说。由于偷吃禁果，亚当、夏娃被逐出伊甸园。此后，该隐诛弟揭开了人类互相残杀的序幕。人世间充满着强暴、仇恨和嫉妒，只有诺亚是个正义之人。上帝看到人类的种种罪恶，愤怒万分，决定用洪水毁灭这个已经败坏的世界，只

---

① 汪受宽. 孝经译注 [M]. 上海：上海古籍出版社，2004：10.

给诺亚留下有限的生灵。上帝要求诺亚用歌斐木建造方舟，并把舟的规格和造法传授给诺亚，诺亚用造好的方舟拯救了一家人。这便是"诺亚方舟"，后用来比喻危难时刻的救命稻草，或灾患普降时摆脱厄运的凭借。

现在，如果我们把青少年孝德缺失之痛比作一场灾难，那么，可以说动漫孝文化则是摆脱这场灾难的"诺亚方舟"，它承载着青少年思想道德教育的重中之重。之所以这样说，至少有以下几个原因：其一，青少年热衷于动漫孝文化。动漫的审美追求体现为动漫的时代之美、画风之美和情节之美，商家投其所好，开发出相关的服饰、文具等大批新款物品，甚至主办各类的 Cosplay 表演、比赛等，以吸引广大青少年沉浸其中。唯美主义的审美追求、读图时代的快餐文化、商业化炒作的推波助澜都是动漫孝文化能在青少年中流行的重要原因。其二，传统孝文化只有与新技术、新形式相结合，才能散发出更新的魅力。要立足中国特色社会主义伟大实践，从波澜壮阔的现实生活中汲取养分，准确把握人民精神文化需要的新变化，引领时代变革风气之先，深入把握新形势下宣传思想工作的特点和规律，焕发创造激情，增强创新能力，努力使精神文化产品和社会文化生活更加丰富多彩。动漫孝文化将孝文化与动漫相结合，使孝德教育寓教于乐，摆脱枯燥的文字和说教，给人耳目一新的感觉。其三，动漫业是 21 世纪最具发展潜力的新兴行业，国家大力扶持，加之孝文化是我国优秀的传统文化，动漫资源开发具有丰富的孝文化资源，发展动漫孝文化正是大好时机，将大有作为。其四，发展动漫孝文化是加强国家文化安全的需要。青少年的思想道德教育还关系到国家的文化安全，随着全球化的深入，国外动漫及其他文化产品的输入，也使一些暴力、血腥、恐怖、情色等不健康的内容混杂其中，对青少年的思想心智毒害很深。抵制外来不良文化的入侵与负面影响，需要我们弘扬本国本民族的优秀传统文化，让中国的孩子多看自己的文化和自己国家的动漫。

鉴于以上分析，动漫孝文化承载着青少年思想道德教育的重中之重，其中的关键是孝德教育。那么，如何发挥动漫孝文化在青少年孝德教育中的作用呢？首先，从教育内容上看，动漫孝文化可以典型人物为主线，弘扬古今孝子的优秀孝德，为青少年树立孝德的榜样，如《花木兰》；也可以孝道故事为主线，讲述激励心智的孝行，以励志故事培养青少年孝德，如《宝莲灯》；还可以孝德主题为主线，通过孝子的孝行提炼出一个思想主题，给人启发与思考，让青少年在内省中接受孝德教育。其次，从教育形式上看，可将动漫孝文化引入亲子教育、课堂教学、社区活动和公益宣传中，以动漫孝文化作为重要载体服务于青少年孝德教育，充分调动青少年学习的积极性，使其领悟动漫孝文化中孝德的深刻内涵和实践方法，并在生活当中切实力行。最后，从技术手段上看，动漫孝文化与科学技术特别是传媒技术的发展息息相关，从最初的皮影戏、走马灯，到漫画书籍、动画影视作品，以及随着电脑和移动通信技术的发展而出现的 FLASH 动画、动漫游戏等全新的动漫孝文化形式，动漫孝文化的宣传和渗透主要依靠书刊、电影、电视、网络、手机等媒体，动漫孝文化与传媒技术联系紧密。

发挥动漫孝文化在青少年孝德教育中的作用，还必须进行内容和形式的表现手法的创新。在内容表现的创新上，应结合新时期的特点，树立新的孝道观，如感恩、责任、仁爱、礼敬等，在动漫传播中赋予孝文化新的时代内涵。在形式表现的创新上，动漫孝文化资源开发可与孝德教育互动。也就是说，一方面，可利用以孝文化为特色的动漫资源进行孝德教育；另一方面，也可将现实生活中孝德教育的典型范例作为动漫孝文化资源加以开发。此外，动漫孝文化的产品形式可以是音像、图书、游戏，也可以是服装、食品、饰品、文具、玩具等；动漫孝文化的传播形式可以是电视动漫、电影动漫，也可以是网络动漫、手机动漫等，而且动漫孝文化与网络、手机联姻，用户可以通过网络、手机参与有关孝德教育主题的评论、投票、调查和心理咨询等，也能够增强青少年的动漫孝文化消费与孝德教育的互动。

动漫孝文化传播的现状及其产业开发对策

动漫，是动画和漫画的合称。动漫孝文化，"是人们以动漫技术为手段，以动漫形式为载体，以孝文化资源为依托，在从事动漫活动时所创造的一种全新形式的孝文化"①，是青少年接受孝德教育的重要传播媒介。目前，青少年的成长培养过分注重智力开发和专业学习，而忽视健康心理和健全人格的培养，已暴露出孝德教育缺失对青少年身心健康的危害。如何通过动漫孝文化传播促进青少年的健康成长，为解决这一困惑与问题，"动漫孝文化传播的相关产业开发"引起教育界和动漫企业界的关注。本书主要基于少年儿童观看动画片情况的调查分析，研究动漫孝文化的传播现状及其相关产业开发对策，以期通过动漫孝文化传播的潜移默化的影响，解决当下由于青少年孝德教育缺失而造成的困境。

一、调查方法与样本特征

本研究采用的是现场问卷调查的方法，调查时间自 2015 年 1 月 28 日至 5 月 25 日，调查数据的采集主要通过问卷的现场发放、填答、回收完成。

本次调查对象以孝感城区剑桥英语学校的学生为主，孝感市素有"中华孝文化名城"的美誉，具有深厚的孝文化底蕴。孝感城区剑桥英语学校是经当地教育主管部门批准创办的一所英语专业培训学校，学生主要来自孝感城区的各级中小学，从调查中获知大多是 6—14 岁的少年儿童。因此，将孝感城区剑桥英语学校的学生作为调查对象，对于研究少儿观看孝文化主题动画片的反响，从中窥察动漫孝文化的传播现状，探讨动漫孝文化产业的开发对策，比较具有针对性和代表性。

二、动漫孝文化传播的现状

为考察动漫孝文化的传播现状及其对少年儿童的影响，本研究的调查问卷主要设置了"是否喜欢孝子故事动画片""观看动画片的时间安排""观

---

① 陈朝晖. 动漫孝文化：青少年德育中的"诺亚方舟"[J]. 孝感学院学报，2011（1）：18.

看动画片的利弊""是否购买过与动画片相关的商品""喜欢看哪种类型的动画片""孝文化主题动画片的观后反响""对动画片传播孝文化的主旨看法"等系列问题。通过统计与分析调查数据，梳理出动漫孝文化的传播现状如下。

（一）动漫孝文化传播的"愿景"并不理想

从"是否喜欢看动画片"来看：32.45%的人选择"喜欢"，52.32%的人选择"还行"，只有15.23%的人选择"不喜欢"。这表明，大多数少年儿童喜欢看动画片，印证了通常我们对孩子的了解，喜欢看动画片是孩子的天性。

然而，从"是否喜欢看孝文化主题动画片"来看：56.29%的人选择"一般般"，33.77%的人选择"很喜欢"，9.93%的人选择"不喜欢"。就此来看，尽管大多数少年儿童喜欢看动画片，但对孝文化主题动画片却并不是十分"感冒"。"百德孝为首"，这对德育工作者来说，寄希望于通过动漫融入传统孝文化，实行潜移默化的人文素养教育，未免显得有点尴尬。

（二）动漫孝文化传播的创作亟待加强

从"孝文化主题动画片的数量"上来看：43.05%的人感觉"不多"，39.74%的人感觉"不多也不少"，17.22%的人感觉"很多"。这表明，在创作量上，目前传播孝文化的动画片还不能满足少年儿童的文化消费需求，或者说在少年儿童的精神世界里孝文化的传播力与影响力尚存不足。同时也显示出，孝文化相关的动漫创作亟待加强，呼唤更多的文艺工作者生产出更多更好的孝文化主题动漫作品。

（三）动漫孝文化传播的德育影响明显

从"孝文化主题动画片是否进课堂"上来看：53.64%的人表示学校（主要指学生就读的全日制义务教育中小学）德育课上均播放过孝文化相关的动画片，另有46.36%的人则表示学校德育课上没有播放过孝文化相关的动画片。这表明多数中小学都将孝文化作为德育课程的一个重要内容，但值得注意的是，仍有接近一半学校的德育教育没有对孝德予以足够的重视。

从"孝文化主题动画片的观后反响"上来看：54.97%的人选择"付出

行动孝敬父母"，30.46% 的人选择"感动但没有付出行动孝敬父母"，也有 14.57% 的人选择"没有反应"。这表明大多数少年儿童看过孝文化主题动画片后，心灵上受到熏陶，行动上获得感化，孝德教育内化于心而外显于行，效果显著。

三、动漫孝文化传播的产业开发对策

从上述动漫孝文化传播的现状可见，虽然动漫孝文化传播的德育影响明显，但"愿景"并不理想、创作亟待加强，青少年德育中动漫孝文化传播的产业开发对策须根据这种现状作出相应的调整。

（一）让动漫孝文化走进课堂

从"长时间看动画片的不良影响"上来看，58.94% 的人认为"影响学习"，21.19% 的人认为"没有时间跟小伙伴们在一块儿交流"，19.87% 的人认为"没有时间锻炼身体"。这表明，多数少年儿童认为迷恋动画片会产生诸多不良影响，特别担心会影响到学习。

另外，从"看动画片的时间"上来看：48.34% 的人选择"只有周末或放假时间才能看"，29.14% 的人选择"基本不看"，22.52% 的人选择"每天看"。这表明，多数少年儿童选择在"休息日"看动画片，能正确处理好看动画片与学习两者的关系。

就此来说，动漫孝文化传播的产业开发可尽量考虑如何进入中小学的德育课堂，这样既可以起到教辅的作用，又能方便学生正确处理好学习与娱乐在时间上的冲突关系，避免沉溺于动漫中影响到学习。

（二）寓教于乐中融入科学元素

从"看动画片的最大益处"上来看，48.34% 的人认为"很开心"，27.81% 的人认为"受到思想教育"，23.84% 的人认为"学到知识"。这表明，多数少年儿童观看动画片是把开心放在第一位，其次才是接受思想教育。

另从"喜欢的动画片类型"上来看，37.09% 的人选择"科幻增智片"，27.81% 的人选择"娱乐趣味片"，19.21% 的人选择"历史故事片"，15.89% 的人选择"思想教育片"。这表明多数少年儿童最喜欢的是科幻增

智类动漫，其次是娱乐趣味类动漫，至于纯思想教育类动漫在几种选项中并不受青睐。

由此可见，少年儿童接触动漫主要是出于娱乐的需要，至于思想教育则在其获得满足后方产生效果。因此，在动漫孝文化传播的产业开发过程中，应更多地考虑寓教于乐，孝文化传播不要做纯思想教育类或思想灌输式动漫，灌输的意味越浓，就越显得枯燥无味，最后也难以达到初衷。值得研究的是，寓教于乐，除了体现娱乐趣味性之外，动漫孝文化传播的产业开发还可融入科幻探奇的元素，在开发少儿智力、启迪少儿思维方面能增添无限的乐趣，也最受孩子们的欢迎。

（三）"学娱食"是重点开发的领域

从"购买过与动画片相关的物品"上来看，49.67%的人选择"文具"，49.67%人选择"玩具"，48.34%的人选择"书籍"，26.49%的人选择"食品"，24.5%的人选择"服装"，14.57%的人选择"其他"。从中可见，选择"文具"与"玩具"的人数最多，其后选择人数较多的依次是"书籍""食品"等。

如果把书籍与文具归为学习类，把玩具归为娱乐类，把食品归为饮食类，那么这表明，与动漫相关的学习、娱乐、饮食产业方面，是最具有市场潜力的三个领域。

相应地，动漫孝文化传播的产业开发可聚焦于少儿学习、娱乐、饮食这三大领域，同时以此为载体，增强孝文化传播的效果。

（四）正能量传播更多反映公民层面的价值观

在用12个词凝练概括的我国社会主义核心价值观中，"富强、民主、文明、和谐；自由、平等、公正、法治；爱国、敬业、诚信、友善"，分别是从国家政治层面、社会生活层面、公民素养层面提出的社会主义核心价值取向。"在动漫中隐藏本国的价值观，包括美国、日本等国家早有先例。"[1]如美国动漫电影《花木兰》宣扬的是个人对自我价值实现的追求，以及对家庭、社会和国家的责任。

---

[1] 光明网.隐藏在动漫中的日本价值观[EB/OL].（2015-02-02）[2015-07-09]. http://news.gmw.cn.

从"最期望孝子故事动画片反映的社会主义核心价值观"上来看，43.71%的人选择"爱国、敬业、诚信、友善"，31.13%的人选择"自由、平等、公正、法治"，25.17%的人选择"富强、民主、文明、和谐"。这表明，多数少年儿童相对比较关注公民素养层面的社会主义核心价值观，这既与少儿时期的年龄特点相关，又与中小学德育工作的重点密切相关。

2015年4月，文化部整治暴恐动漫，"多家动漫网站因涉嫌提供含有诱导未成年人违法犯罪和渲染暴力、色情、恐怖活动，危害社会公德内容的网络动漫产品，被列入查处名单"。同时，国家领导人强调，"把公共安全教育纳入国民教育和精神文明建设体系"。[①]由此可见，动漫孝文化传播的产业开发不能忽视基于公共安全教育的正能量传播，包括不能忽视社会主义核心价值观的传播，而公民层面的价值观是其中的一个重要方面。

---

① 文明网.把公共安全教育纳入国民教育和精神文明建设体系 [EB/OL].（2015-05-30）[2015-07-09]. http://wmf.fjsen.com.

从热播家庭剧看影视资源开发中的
孝文化传播

美国独立宣言中写道："家庭幸福是人类第一大事"，家庭问题自古是创作的重要对象和源泉。近年来，我国表现家庭伦理的电视剧不断形成收视热潮，受到社会各界的广泛关注和好评。如《孝子》《温暖》《双面胶》《咱爸咱妈》《家有爹娘》《戈壁母亲》《我们的父亲》……这些热播家庭剧集中展示了我国孝文化的时代魅力，歌颂了中华民族的传统美德。中国是孝文化的故乡，孝文化是和谐文化的重要组成部分。家庭是孝文化的发源地，家庭剧作为文明传播的一种重要载体和方式，对于弘扬孝文化具有广泛的传播力和深刻的影响力。在新的历史条件下，探讨影视资源开发中的孝文化传播，对于构建和谐社会与精神文明建设意义重大。

一、传播责任与义务

孝包含着主体和客体两方面的因素：作为晚辈的子女是孝的主体，作为长辈的父母是孝的客体。所谓"父慈子孝"（《左传·昭公二十六年》），是讲先有长辈对晚辈的慈爱抚育，后才有晚辈对长辈的孝敬奉老。"父不慈，则子不孝。"（《颜氏家训》）可见，孝的本质是强调主客体双方的相互责任和义务，这种双向的责任与义务是构建现代家庭伦理体系的必要条件，仅靠一方的努力是远远不够的。只有主客体双方的共同努力，孝道才能达到理想、最佳的状态；也只有主客体双方责任与义务的共同履行，才能建立双向平衡、和谐的代际关系，才能建立和完善新时期的道德体系与礼仪规范，促进良好社会风气的形成。

电视剧《我们的父亲》中，在商业环境下秦家子女们拼命地追求实现个人价值，对亲情却无暇问及，孝心孝行也就退居末位。这种对亲情的"麻木"和"无心"所表现出的"不孝"，暴露的问题正是在市场经济的今天孝主体责任与义务的缺失。"善事父母曰孝"，如果说孝客体责任与义务的履行是孝的前提，那么孝主体责任与义务的履行则是孝的关键，因为"孝"最终体现在晚辈对长辈应尽的一份责任与义务上。电视剧《孝子》以母亲为中心，主要写了八个子女（二子、二女、两个女婿、两个媳妇）的孝道。剧中患有中风、下肢瘫痪的乔老太虽然十分任性与"专横"，但却是一位内心非常慈爱的伟大母亲。她的话像"圣旨"，定要照办，她决定的事必须去做。如果子女不听，她就虎着脸狠狠批评；倘若媳妇不从，她会话中带刺冷嘲热讽。这样一位难以服侍和理喻的母亲（婆婆），对出生于20世纪后期的现代男女青年来说是难以接受的。但子女们不但能接受，还服服帖帖地去做。子女们之所以能尽孝道，一是母亲用血肉抚养了他们；二是母亲身患重病，还以坚强毅力和不屈精神支撑着这个温馨的家，给了子女无限的关爱与欣慰。为了减轻子女的压力与负担，乔老太主动提出要去敬老院；为了不再拖累子女，她主动拔掉插在鼻子里的呼吸机来结束自己的生命。正因为她把子女放在心中，才有了母亲在子女心中的地位。乔老太患中风急于救治，而乔海洋的妻子谢言在北京马上要临盆产子，到底是救治母亲还是飞往北京照顾妻子，乔海洋左右为难，考虑再三，决定留在母亲身边，事后再向谢言解释清楚求得谅解。万万没想到，当谢言知道婆婆病情后，非但没有责怪之言，反而赞成丈夫这样做是完全应该的。这位深明大义、尽孝尽责的媳妇，在处理夫妻关系与婆媳关系上，表现出现代知识女性鲜明的高尚风格和情操，这对孝文化的探索和经济转型期社会道德的重构既有当代性又有现实参照价值。同样，电视剧《温暖》也以"母慈子孝"为主线，围绕着子女对身患重症的母亲如何尽孝展开叙事，讲述了一个"儿为母换肾"的感人故事：当得知母亲患了重症尿毒症后，大哥严志国为给母亲治病，东奔西走，访医求肾，在四处寻找肾源终无结果时，毅然决定为母捐肾；二哥严效国虽生活窘困，但为挣钱救母拼命工作，导致心脏病复发住进医院；通情达理的两位儿媳妇，也都在以各自的方式为这个家做着贡献，一句"妈是大家的"，表达了严家子女们每个人心中的孝道。而与其不同的是，电视剧《咱爸咱妈》则是以"父慈子孝"为主线，讲述了子女尽责尽孝、不惜一切代价为父治病的故事。为儿女辛劳一生的乔师傅得了肺癌以后，花光了一个工人家庭的所有积蓄。大儿子乔家伟是个善良正直又孝顺的知识分子，为了给父亲治病四处借钱，最后实在没有办法甚至将自己女儿心爱的钢琴也卖掉了。二儿子乔家男为了给化疗的父亲增加营养，不惜倒票犯错。大女儿给父亲输血，拖着虚弱的身体坚持读书……从这些热播家庭剧中我们看到，无论是"母慈子孝"还是"父慈子孝"，孝的本质在于主客体双方责任和义务的双向履行，双方的共同努力演绎出许多感人的孝道故事。

二、传播仁爱与忠诚

"百善孝为先"，一切美德都源于对他人的关切和爱戴，自古以来，中华民族就把"孝"视为一切人伦关系得以展开的精神基础和实践起点，认为"孝"不仅是对父母的孝，也是自身品德和精神的重塑。"老吾老以及人之老，幼吾幼以及人之幼""不独亲其亲，不独子其子""仁者爱人"等孝的含义由最初的"善事父母"，发展到后来包含尊师敬贤、尊长爱幼、友爱手足、扶危济困、热爱人民、忠于祖国等美德范畴。子女由最先对父母的爱发展到对他人、对人类的爱。在家里孝父奉母，进入社会忠于祖国、热爱人民，成为社会主义现代化建设的可用之才。由爱生义，义则是大孝。如果说，孝的本质是责任与义务，那么孝的升华则是仁爱与忠诚。

电视剧《温暖》中，"大哥严志国是一个惜守着传统伦理规范和社会道德准则的人物形象。身为长兄，母慈子孝、兄友姊爱、全家和睦是他家庭观念的精神内涵；身为律师，正直无私、奉公守法、忠于事业，是他人生观念的价值内涵。正因为有这样一条永远不会落伍的道德底线，他对家庭和社会可以竭尽所能，对事业可以倾注全部。面对重病在身的母亲，他耐心开导以消除老人的疑虑；面对棘手的工作难题，他忠于职守为企业挽回经济损失；面对尿毒症病友和他们的家属，他真诚相待尽可能地帮助和关怀着每一个人"[①]。他帮着医务人员干杂活、抽出时间办公务……不仅将

---

① 葛玉清.民族传统美德的赞歌——浅析电视剧《温暖》的艺术特色 [J]. 当代电视,2007, (06): 23-25.

爱散发在家庭内部，同时也渗入了周围人们的生活，他的仁爱与忠诚感化了身边的人。母亲病友家的有钱儿子在他的孝心感召下，转变了"钱是万能的"观念，对病中的母亲无微不至地细心呵护。另一部电视剧《戈壁母亲》，着力刻画的是刘月季这样一位大爱无疆的荧屏母亲形象。"这位山东农村的普通妇女，带着孩子千里寻夫，来到新疆，经历几十年的风风雨雨，从一名普通的百姓成长为一名献身边疆建设的共产党员，从一位普通的母亲成为凝聚孩子们人生理想的伟大母亲，其成功之处在于她的仁爱与忠诚。刘月季的仁爱体现在，艰难的创业时期，她真诚地照顾着钟匡民新娶的妻子孟苇婷，小孟去世后又照料起前夫后妻的孩子钟桃、孟少凡；危急时刻，她忍痛杀掉自己的小毛驴抢救王朝刚及其他战士；'文革'期间，她甚至要照顾被关进'地窝子'里的钟匡民。她操心郭政委的婚姻，收养了程技术员的女儿并时时关照着这位落难的知识分子，即使是对'文革'中有过错误言行的王朝刚，也予以谅解并真心促成他们夫妻和好。这个默默无闻一头扎进工作、一心照顾他人的刘月季成了人们遇到危难时的主心骨，她所管理的机关食堂也成了让人感到温暖的'家'。她朴实、善良、重大义，把人间至深至美的大爱撒在了中国大西北的土地上，撒在了那些书写历史新篇章的儿女们身上。"①刘月季的忠诚体现在，为包办婚姻的丈夫钟匡民上养老下养小，无怨无悔；为使家庭完整，她带着孩子们艰难跋涉数月去千里之外寻夫；当垦荒部队要向更为艰苦的荒漠进军时，她主动请缨创业戍边；她深深懂得"自古忠孝不能两全"，她默许了失去右腿的大儿子钟槐坚持留在雪山上继续保卫边疆，默许了二儿子钟杨为保住棉花育种成果被迫与父亲决裂。正是因为有了这样的铺垫，剧终刘月季在鲜红的党旗下举手宣誓，光荣地加入了中国共产党……从"钟家人"到"公家人"，从对小家的忠孝到对国家的忠诚是刘月季形象最完美的跨越。刘月季的仁爱与忠诚所绽放出的母性之光，让钟匡民渐渐长大，也感动着身边的每个人。

---

① 沈好放. 一株挺立的胡杨树——电视连续剧《戈壁母亲》创作谈 [J]. 求是, 2008, (02): 63-64.

钟匡民从只懂得打仗到慢慢意识到自己应该怎样做父亲，懂得了人不仅要工作，还要关爱他人。因此，他能够乘长途汽车去接妻子小孟，上山为独守哨所的儿子钟槐做两顿饭。当刘月季病重需要做手术时，也只有钟匡民记住了她的生日。大伙在病房里给刘月季过生日时，这位一生只有付出的伟大母亲终于得到了一次回报。综上，通过这些热播家庭剧传颂孝文化中的仁爱与忠诚，有利于人与人之间的和睦相处、人对国家集体的忠诚与热爱，最终也有利于和谐社会的建设。

三、传播和谐与稳定

家庭是社会的小细胞，家庭和谐是社会和谐的基础。孟子言："天下之本在国，国之本在家，家之本在身。"①可见，社会和谐缘于家庭和谐，家庭和谐缘于代际和谐；而代际和谐的根本是修身，修身的根本是父母与子女之间应做到"慈孝"。慈，是父母对子女的仁慈、厚爱；孝是子女对父母的尊敬和爱戴。父母与子女双方只有通过修身做到"慈孝"，方能达致代际和谐，建设一个和睦、亲善的家庭，方有家、国、天下的和谐意义。"人人亲其亲，长其长，则天下平"（《孟子》），孝是齐家之宝、治国之策，更是和谐之源泉，孝文化以人们的血缘关系为依托，以"善事父母"为核心，鼓励将这种个人的伦理义务向血亲之外的社会扩展，从而达到"老少和谐""长幼和谐""上下和谐""邻里和谐"进而"社会和谐"的境界。从这一意义上讲，孝的功能是和谐与稳定。

今天，社会的发展一日千里，人们的思想变化也很大，在家庭中，父母与子女的"代沟"越来越明显。父母与子女的沟通十分困难，往往不是子女看父母的脸色，而是父母看子女的脸色。这种不和谐的家庭氛围是与现代文明极不协调的。"孝"面临着文化困厄，孝道的践履亦陷入一种困境，已成为影响和制约社会发展、稳定与和谐的重要因素之一。电视剧《双面胶》中，胡丽娟和亚平妈在荧屏上的一场婆媳大战牵动了许多人的心。

---

① （清）焦循. 孟子正义 [M]. 北京: 中华书局, 1987: 493.

随着一系列婆媳矛盾的爆发，导致夫妻分手、公公婆婆相继死去、胡丽娟的母亲被气得中风，本来一个完整的家庭最终却以悲剧结束，令人扼腕叹息。媳妇和婆婆之间的矛盾自古有之，但在现代社会中，这种矛盾似乎正有愈演愈烈之势。究其根源，传统孝道的缺失是悲剧产生的一个重要因素。如果剧中的媳妇能让一步，也许悲剧就不会发生。可见，要增强家庭的亲和力、凝聚力必须孝为先、敬为上。这不仅对家庭生活很重要，对为人处世、构建和谐社会更加重要。《孝子》就是一部注入了"孝"的时代内涵、弘扬和谐主题的电视剧，剧中以孝为核心讲述了人与人、人与社会的和谐。"乔老太要到北京大儿子海洋家去住一阵子，可大儿子家有谢言的父母住着，怎么办？为了婆婆，谢言和父母商量，请自己母亲外出租房克服暂时困难。这样做，看来似乎欠妥，却在情理之中，体现了两亲家之间关系的和睦。这种多层次、多方面的关系，可以说明在家庭内部母子之间、父母与女儿之间、岳父母与女婿之间、亲家之间的人与人的和谐和睦的亲情关系，在错综复杂的关系中，'家和万事兴'的气氛得到了充分的释放。这种'你照顾我、我体谅你、你为了我、我想到你'的社会风尚，展现了一幅绚丽灿烂、光彩夺目的和谐画图。"[①]再如，电视剧《家有爹娘》写的其实是一个当代中国父子之间由和谐走向冲突、最终又在更高的层次上达到新的和谐的故事。剧中人们看到："不管王起孟怎样执着于'不孝有三，无后为大'，但他心底更不可动摇的是对全家人的爱和对子女幸福的维护，因而他逐渐领悟到，尊重子女选择生存方式的权利才是保证子女幸福的最好办法。而子女们在投身市场经济潮流、追求自己幸福的同时也不忘对长辈的孝和爱，因而在与父亲多次碰撞之后他们慢慢认识到，尽力满足父母的心愿是做晚辈的责任。最终，王起孟不再坚持要孙子，吴丽丽和田一则转而都愿意生一个孩子，这个结局反映了几代人头脑中的传统道德观念与现代思想意识相融合的过程，表现了人与人之间的关爱和理解，在多姿多彩的人物生活画卷中烘托

---

① 张弓. 孝道：构建和谐社会不可或缺的美德——电视剧《孝子》观后 [J]. 当代电视，2007，（05）：26-27.

出了温馨美好的家庭气氛。"①《温暖》一剧主要讲述了严家的母子情、父子情、兄弟姐妹情，但又不囿于严家，它还辐射到人间情，延及邻里、朋友、医患等，由小家到社会，由小情扩充为大情，弘扬了人间的温馨与真情，映射出当今社会时代风貌的美好一面，为构建社会主义和谐社会发出了道德感召，使观众在情感的共鸣中得到启迪，在心灵的震撼中获得教益。这些经验的传授，有助于文明诚信、平等友爱、融洽和谐的良好社会风尚的形成，有益于促进我国社会主义和谐社会的建设。这些表现和谐主题的电视剧也充分表明孝的功能在于和谐与稳定。"孝"是当今中国建设社会主义和谐社会的道德伦理要求。代代延续的孝道会使每个家庭走上和谐的正轨，推而广之，也会成就整个社会的和谐进步。

孝是"众德之根、诸善之源、立身之本、齐家之宝、治国之道"，是千百年来中国社会维系家庭关系的道德准则。孝文化是中华民族传统文化的精髓，通过热播家庭剧传播与弘扬孝文化，对于构建和睦家庭及和谐社会，解决老龄化社会诸多问题，践行"八荣八耻、以人为本、以德治国"方略，凝聚全球华人的向心力为祖国现代化建设建功立业，乃至谋求人类福祉、追求世界大同等，无疑具有重要的现实意义和深远的历史意义。

---

① 李准．传统与现代的和谐对接——我看电视剧《家有爹娘》[J]．当代电视，2007，(07)：12-13.

孝文化品牌的整合营销传播

在今天"文化热"的背景下，文化产业竞争日益激烈，地域孝文化的品牌化传播势在必行。南漳孝文化资源丰富，具有发展孝文化产业和旅游经济得天独厚的条件。本文以南漳孝文化的品牌传播为例，在打造南漳孝文化品牌中，探讨引入整合营销传播理论，是一种新的思路和方法。

一、三国孝子徐庶垂名天下在南漳

徐庶，字元直，原姓单，名福，颍川郡（今河南禹州）人。徐庶年轻时行侠仗义，常以仁侠自居，后为友人鸣不平而杀人，遂逃难，改名徐庶。他弃武从文，遍访名师，刻苦学习，终成名士。汉献帝初平年间，徐庶举家南迁至荆州地区。在荆州，他结识了诸葛亮、庞统、崔州平等人，并拜在刘备门下向其推荐了诸葛亮。于是，刘备三顾茅庐，终于找到帮助自己成就大业的盖世奇才，奠定了三国鼎立的格局。

徐庶是三国时期的名士，文才武略，传为佳话。徐庶因孝成名，垂名天下在南漳。他以孝扬名的故事，有史可查。在今天的南漳，仍然有很多徐庶在南漳的行踪考证和代代流传的孝行记载。徐庶行孝有两件事情值得一提。

其一是宁死护母。东汉灵帝中平末年（188 年），徐庶的一位朋友因与当地一家豪门恶霸结怨而被害得家破人亡，万般无奈之际，请少侠徐庶为其报仇雪恨。徐庶接受朋友的请求后，以白色垩泥涂抹面孔，只身闯入恶霸家中，一剑刺死了这个仗势欺人、为害一方的恶徒。徐庶正要离去，不幸被闻讯赶来的大批官差包围。因寡不敌众，失手被擒，官府对徐庶进行了严酷审讯。尽管受尽酷刑，但徐庶害怕因此株连母亲，且出于朋友道义，故始终不肯说出自己的姓名身份。官府计穷，派人将徐庶绑在刑车的立柱上，击鼓游街，要老百姓来辨认他的身份。老百姓感于徐庶行侠仗义，为地方除去一霸，所以无人出面指认。官府也无可奈何，后经徐庶的朋友上下打点，费尽周折，终于将其营救出狱。这次事件在徐庶思想上引起了极大的震动。他认识到，仅靠自己的力量不足以铲除人间不平事，诛尽天下害人虫。审时度势，又见东汉王朝日趋腐朽，诸侯割据，烽烟四起，决心弃武从文，掌握一身治国用兵的本领，造福于天下苍生。

其二是侍母归曹。汉献帝建安十三年（208年），曹操率大军南征荆州。这时荆州牧刘表已亡，他的儿子刘琮不战而降。刘备率军民二十多万人南撤。在曹军追及到当阳长坂坡时，刘备寡不敌众，大败而逃，辎重全失。徐庶的母亲也不幸被曹军虏获，并被曹操派人伪造其母书信召其去许都，徐庶得知此讯，痛不欲生，含泪向刘备辞行。他用手指着自己的胸口说："本打算与将军共图王霸大业，耿耿此心，唯天可表。不幸老母被掳，方寸已乱，即使我留在将军身边也无济于事，请将军允许我辞别，北上侍养老母！"刘备虽然舍不得让徐庶离开自己，但他知道徐庶是出了名的孝子，不忍看其母子分离，更怕万一徐母被害，自己会落下离人骨肉的罪名，只好同徐庶挥泪而别。徐庶北上归曹以后，心中仍十分依恋故主刘备和好友诸葛亮。尽管他有出众的谋略和才华，但不愿为曹操出谋划策，与刘备、诸葛亮为敌。因此，徐庶在曹魏历时数十年，却从未在政治军事上有所作为，几乎湮没无闻，留下了"人在曹营心在汉""终身不设一谋"的亘古奇憾。故后世有"徐庶进曹营——一言不发"的谚俗。

由此可见，徐庶的孝是丰富的，其中兼顾着忠与义。其一，徐庶为友鸣不平而卷入牢狱之灾，既怕因此株连母亲，又不肯违背朋友道义，受尽酷刑也不透露半点真相。其二，自古忠孝难两全，徐庶却能恰到好处地处理孝与忠的关系，在孝与忠发生冲突时，以孝为大，不伤前主也不叛后主是为忠。徐庶一生，虽然命运多舛，人生道路也坎坷不平，最终没有做出什么惊天动地的大业，但他孝忠的人格品德世代相传。《资治通鉴》《魏略》《蜀书·诸葛亮传》《三国志》《三国演义》等都对徐庶的孝忠给予肯定。

汉献帝初平年间，徐庶举家南迁至荆州后，居住在襄阳城西檀溪北岸边，后徙至南漳城东北角单家庄（今徐庶庙），徙南漳的原因传说有二："一说徐庶从师司马徽，故而迁漳；另说是鄙视刘表不仁，故而避之。"①现位于南漳县城内的徐庶庙，又称单公祠、徐公祠，相传徐庶曾隐居于此，属湖北省重点文物保护单位。此庙始建于清嘉庆元年（1796年），为砖木结构，坐北朝南，由门楼、前厅、后殿及过廊组成两进小院。在徐庶庙的大门前，映入眼帘的是大门上的一副对联："唯孝唯忠为本，斯才斯德可风"，充分体现了徐庶尽忠尽孝、忠孝两全的品格。在南漳，有民谣传唱："徐庶曹营大督管，探母得病回家园。弃官不做心归汉，老母死后回坟前。" 徐庶的忠孝也印证了"自古忠臣出孝门"之说，一个人对父母尽孝，才可能对自己的君主尽忠。

二、东汉孝子丁兰：南漳孝文化的又一朵奇葩

东汉孝子丁兰与三国孝子徐庶，是盛开在南漳孝文化土壤上两朵可媲美的奇葩。之所以这样说，是因为以孝著名的孝子丁兰被写入古《二十四孝》，同样在南漳可以找到历史的遗迹。

丁兰，相传为东汉时期河内（今河南黄河北）人，幼年父母双亡，成为孤儿。丁兰在苦水中泡大，领略了人生的各种酸甜苦辣，经常思念父母的养育之恩，为自己没有奉养好双亲而遗憾。于是，他用木头刻成双亲的雕像，虔诚地供奉于厅堂，凡事均和木像商议，每日三餐敬过双亲后自己方才食用，出门前一定禀告，回家后一定面见，从不懈怠，事之如生。可是，丁兰的妻子不这样想，因她从未见过公婆，丈夫这般痴心地侍奉两个木像使她大感不解。久之，其妻对木像便不太恭敬了，趁夫外出之机，竟闲得无聊，好奇戏谑地用针刺木像的手指，而木像的手指居然有血流出。丁兰回家见木像似有无限悲哀和委屈，眼中垂泪，酸楚无语。问知实情，一气之下遂将妻子休弃。

古《二十四孝》中的《刻木事亲》是这样记载丁兰孝行的："丁兰，幼丧父母，未得奉养，而思念劬劳之恩，刻木为像，事之如生。其妻久而不敬，

---

① 胡圣文.三国风云南漳大事概述 [EB/OL].（2010-01-15）[2011-06-20]. http://www.hbnz.gov.cn/www/lswh/sgwh/zjwz12.htm.

以针戏刺其指，血出。木像见兰，眼中垂泪。因询得其情，即将妻弃之。"后人有诗云："刻木为父母，形容在日身。寄言诸子女，及早孝双亲。"孝子丁兰"刻木事亲"的孝行故事，虽然糅进了传奇成分，但符合《孝经》的"感应"说，也合乎浪漫主义的创作理路。正因为孝子深情，木像才能"感应"，不仅成为血肉之躯，且有细腻情感，因此木像既会流血也会流泪。不过关于孝子丁兰的故事也有不同的版本记载，如《孝子传》《初学记》等都有记录，这些版本与《二十四孝》比较，可以看到孝子的孝行被不断地加工，虽然诸版本都有传奇色彩，但丁兰的孝行重在宣扬一种孝的意念和精神。人生最可怕、最可悲的，莫过于"子欲养而亲不待"。父母在时，当及时行孝；父母不在时，仍不忘行孝，这是行孝的最高境界。丁兰"刻木事亲"，事之如生，其宣扬的就是一种"孝行一生"的意念，这种意念传给后代，就延续成一种精神，比如清明祭祖、"老吾老以及人之老"等，都是孝的意念和精神的延伸与发展。丁兰的孝行故事，对于弘扬中华孝文化具有历史的标本性和现代的前瞻性意义。

南漳县九集镇泉水堰村是著名孝子丁兰的故里。后人为纪念他，修有丁兰桥，后改为"孝子桥"。孝子丁兰墓于 2006 年 9 月 12 日被南漳县政府公布为第四批文物保护单位。至今，尽管一些地方对于丁兰的故里有不同说法，如浙江的杭州、江苏的丰县、福建的潘溪、河南的焦作、湖南的临澧等，但近年在南漳发现孝子丁兰记事碑，也填补了该县无实物佐证的空白。

据清同治版县志载："刻木谷县北六十里，汉孝子丁兰故居之所……北至隆中不二十里……祠墓皆在南漳。"清光绪版襄阳府志也明确记载："'丁兰桥距（县城）七十里。'因 1958 年在这里修了水库，丁兰墓、孝子桥均被水淹没。2009 年，南漳县开展第三次全国文物普查时，发现较为完整的两块孝子丁兰记事碑，终于摸清了孝子桥、孝子墓的有关情况。其中，一块为记事碑，竖书'孝子桥'三个大字；另一块为功德碑。记事碑高 194厘米，宽 75 厘米，厚 20 厘米，碑文记载汉孝子丁兰故事闻名于世，以其名建的桥叫丁兰桥。直呼其名过于直白，有不敬之嫌，明嘉靖时，又重新伐石立碑，将原来'丁兰桥'改为'孝子桥'，并立碑于桥左。功德碑高148厘米，宽72厘米，厚18厘米，题额自右至左横书'永垂不朽'四个大字，正文自右至左竖书。主要记孝子桥的位置、重修原因和修桥时捐款人员名单及数额等，时间为乾隆癸卯午季冬上浣（上旬）。另外在南漳县九集镇泉水堰村村民尹本学门前和戚正军猪圈内分别发现两块残碑，上面刻有'南漳'和'修孝'字样。"[①]在南漳，亦有民谣传唱："丁兰刻木会母面，朝朝每日泪涟涟。一年四季在思念，刻成母像带身边"，"妈妈走了黄泉路，丁兰怎么能舍得。晚夕想妈哭一夜，早晨哭到太阳斜。他想办法真不赖，柳木把妈像来刻……晚上放在床头歇。一天他叫三顿饭，妈妈面前香万摺。丁兰做活在田野，把妈放在地头穴。不论冬日与夏夜，丁兰孝母有功德。"这些碑块和民谣有力地证明了南漳是孝子丁兰的故里，是孝文化的重要发源地之一，对于研究南漳孝文化意义重大。

三、南漳孝文化品牌的整合营销传播策略

整合营销传播理论的提出，以 1993 年美国学者唐·E. 舒尔茨等著《整合营销沟通》（现译为《整合营销传播》）一书的出版为标志，"整合营销传播"成为全球范围内营销与广告学界讨论的热点。舒尔茨博士等认为，"整合营销传播是将所有与产品或服务有关的讯息来源加以管理的过程，使顾客及潜在消费者接触统一的资讯，并且产生购买行为，并维持消费忠诚度"[②]。

整合营销传播理论进入国内后，学界有多种说法。笔者比较认同这样一种观点："整合营销传播是整合所有的营销活动——媒体广告、直接营销、人员推销、销售促进与公共关系——来创造一种统一的、以消费者为中心的传播。整合营销传播方法旨在将营销与传播策划融为一体，建立起消费者与品牌之间的紧密关系。"传播对文化品牌的塑造起着重要的作用，而将整合营销传播理论引入南漳孝文化品牌的塑造中，可为打造南漳孝文

① 刘长松等. 南漳发现孝子丁兰记事碑 [EB/OL]. (2010-01-15) [2011-06-20]. http: //www.cnhubei.com/news/hbrb/hbrbsglk/hbrb05/201001/t925649.shtml.

② [美] 唐 E. 舒尔茨，斯坦利·I. 坦纳鲍姆，罗伯特·F. 劳特伯恩. 整合营销沟通 [M]. 孙斌艺，张丽君译. 上海：上海人民出版社，2006: 3-4.

化品牌提供理论支持与现实指导。

自古南漳出孝子，除前面所讲东汉孝子丁兰、三国孝子徐庶外，南漳还有"刘孝子割肝救母"的传说等，各地关于古今孝子的传说和故事相当多。在民间，孝行普遍，孝风敦厚，群众评价一个人或一个家庭往往也是以其是否"尽孝道""讲孝心"为标准的，忤逆不孝者必将被人群起而攻之，为社会所唾弃。孝文化在南漳根深蒂固。此外，南漳孝文化发展区位独特，植根于"荆楚文化的发祥地"和"三国文化的源头地"之中，形成南漳独有的孝文化地域特色。目前，"南漳县正加大孝文化理论研究力度、孝文化转化运用力度、孝文化环境营造力度、孝文化舆论宣传力度，致力于弘扬孝文化传统，开发利用孝文化资源，发展孝文化产业，推动经济与社会发展"①。这些举措，借助政府、学者、媒体、社会的力量，推动孝文化传播，为南漳孝文化的整合营销传播打下了良好的基础。对此，笔者想就打造南漳孝文化品牌的整合营销传播策略谈几点看法。

其一，要做好南漳孝文化的品牌定位。"品牌定位是指为品牌在市场上树立一个明确的、有别于竞争对手品牌的、符合消费者需要的形象，其目的是在消费者心中占据一个有利的位置。"②"品牌定位"是整合营销传播战略的核心概念，是决定诸多整合营销传播策略的基础和依据。比如，武当山道教文化品牌的定位，一句"问道武当山，养生太极湖"让海内外游客念念不忘，堪称经典、创意的品牌形象定位。反思之下，南漳孝文化品牌定位，可以围绕"忠孝"的主题做好文章。例如，不妨定位"为官尽孝学徐庶，为民尽孝学丁兰"。自古忠孝两相连，忠与孝是为官、为民的基本道德准则，在今天倡导忠孝文化，对于忠于国家、孝老爱亲，构建社会主义和谐社会具有时代意义。因此，这样的定位是可行且独具特色的。

其二，对南漳孝文化进行资源的整合。南漳孝文化资源丰富，但要形

---

① 王善国 . 只有"孝"才有"效"[EB/OL]. (2010-01-15) [2011-06-20]. http://www.hbnz.gov.cn/www/lswh/xwh/xwh3.htm.

② 蒲楠 . 打造品牌 [M]. 北京: 中国纺织出版社, 2004: 7-8.

成孝文化的品牌力，需要围绕品牌定位整合孝文化资源。整合南漳孝文化资源，可从跨时空、跨形态、跨区域、跨文化的资源整合四个方面进行。跨时空的资源整合，即整合南漳古今的孝文化资源，如东汉孝子丁兰、三国孝子徐庶、刘孝子割肝救母以及新时代涌现出的孝子、孝行等。跨区域的资源整合，即整合南漳与他地有关的孝文化资源，比如关于三国孝子徐庶的归宿问题，据有关资料和传说，徐庶在摆脱魏曹集团后，经过一番游历，到了青岛胶南的帽子峰一带隐居下来，帽子峰现仍有徐庶庙的遗迹，胶南民间有许多关于徐庶的传说。南漳在整合孝文化资源时，可将这些相关资源加以整理，为己所用。跨形态的资源整合，即整合南漳现有物质的孝文化资源与非物质的孝文化资源。物质的孝文化资源，主要指物质的孝文化遗产，包括南漳具有历史、艺术和科学价值的与孝文化相关的文物。非物质的孝文化资源，主要指非物质的孝文化遗产，包括南漳各种以非物质形态存在的与群众生活密切相关、世代相承的传统孝文化表现形式。跨文化的资源整合，即对南漳孝文化资源与其他文化资源的整合。国内外许多专家已将南漳定位为"楚文化的发祥地""三国故事的发源地""孝文化的发源地"，在打造南漳孝文化品牌的整合营销传播中，有必要结合荆楚文化资源和三国文化资源来整合南漳的孝文化资源。

其三，对南漳孝文化进行传播方式的整合。传播力就是影响力，要增强南漳孝文化的影响力，打造南漳孝文化品牌，还必须提升南漳孝文化的传播力。对南漳孝文化进行传播方式的整合，是提升南漳孝文化传播力的一个重要方面，即以南漳孝文化品牌的核心价值为原则，在孝文化品牌定位的整体框架下，选择广告传播、公关传播、销售传播、人际传播等多种传播方式，传播的载体可以是书刊、电影、电视、网络、手机等多种媒体，将南漳孝文化向外推广，以建立自己的孝文化品牌形象，培养自身受关注的群体和品牌文化消费市场。这对于发展南漳的孝文化产业、提高南漳的社会美誉度、促进地方经济与社会发展大有裨益。

建设中华孝文化名城中的媒体作为

孝感，因汉孝子董永行孝感天而得名，是全国唯一以"孝"命名又以"孝"传名的城市。作为孝文化资源大市，孝感市委、市政府十分重视孝文化的研究与开发，大力倡导"弘扬孝文化、推进现代化"的文化发展理念。2006 年，在市第四次党代会上，孝感市委提出了"建设中华孝文化名城"的城市定位，指明了"弘扬民族文化，构建和谐社会"的孝文化工作创新方向。孝，是孝感的文脉，是城市的个性与名片。现在向外宣传推介，充分发挥孝文化在地方经济社会发展中这一软实力的作用，孝感市必打孝文化品牌。

新闻媒体因其独特的社会影响力与传播功能，对建设中华孝文化名城应有所作为。所谓"有所作为"，是指媒体运用各种手段、各种形式努力做好孝文化的传播工作。新闻媒体的参与、宣传，是新时期传承和弘扬孝文化的喉舌，对家庭和社会的道德新风能起到巨大的导向、组织、宣传、鼓舞和推动的作用，是为物质文明、政治文明和精神文明协调发展起促进作用的媒介和桥梁。如何为建设中华孝文化名城营造良好的舆论环境？如何发挥新闻媒体在建设中华孝文化名城中的舆论支持作用？如何做好孝文化的宣传报道，真正让"孝"成为孝感的一张名片？这些都是值得我们思考的问题。笔者认为，建设中华孝文化名城，新闻媒体可在以下方面有所作为。

一、诠释孝文化内涵

"教民亲爱，莫善于孝。"汉字教育的"教"字，就由"孝"和"文"组成。传播孝文化，弘扬孝文化，发挥新闻媒体的教育功能，首要的是通过新闻媒体向人们诠释孝文化的内涵。

何为孝文化？《孝经》说，孝是"德之本也，天之经也，地之义也"。孝文化是涵盖古今一切有关孝的思想理论、法律、制度、行为规范、民风民俗以及各类文艺成果在内的社会现象和客观存在。孝文化最直接的含义是善事父母，如《辞海》注释："善事父母曰孝""对祖先也称孝"。 在中国传统文化中，"孝道"占有十分重要的位置。"孝"的精神本质就是"反哺"质朴感情的具体体现，孝的精神升华就是孝天下所有父母，"不独亲其亲，不独子其子"。如今，这种文化依然在海内外华人中传承，并被注入时代内涵。任何文化的传承与弘扬，其生命力的焕发都是与时代精神与发展紧密相连的。因此，新闻媒体在传播孝文化时，对待传统孝文化，一方面应努力将其传承延续，另一方面应尽可能地发掘其内涵，以现代方式加以弘扬和推广，赋予其新的时代内容。

孝文化内涵丰富，对其正确引导，能够派生出许多健康的社会规则：家庭有孝，尊老爱幼，其情融融；单位有孝，上行下效，竭忠尽智，事业兴旺；社会有孝，人人抱有一份尊重情怀，社会便会和谐。这和我们今天倡导的"以人为本，构建和谐社会"的时代主题是一致的。赋予孝文化当代意义，要求新闻媒体将继承传统美德和新的时代精神结合起来，紧紧围绕"构建和谐社会"这一时代大主题做好文章。在市场经济发展的社会转型期，感情淡漠、亲情疏远、意识形态思想领域的变化使人们感到迷茫，通过新闻媒体大力倡导"孝德""孝心""孝行""孝道"，将在传承民族美德，加强社会主义精神文明建设，维护社会稳定，构建和谐社会，达到精神和谐、思想和谐、行为和谐，推进经济社会又快又好发展等方面具有积极作用和重要意义。

二、营造孝文化氛围

宣传孝德孝行，营造浓厚的孝文化氛围，有利于促使人人参与孝文化名城建设。建议通过新闻媒体加大宣传力度，号召、引导社会各界广泛参与孝文化名城建设，使新时期"孝德"在全社会蔚然成风，使整个社会在融融亲情中变得更加和谐美好！

为营造孝文化氛围，孝感举办了一系列弘扬孝文化的活动。1996年，孝感市在全国首次开展每隔5年评选一届"十大孝子"的表彰活动，《孝感日报》连续刊登孝子事迹，供广大群众投票评选；2002年，孝感市举办了首届孝文化节暨《董永与七仙女》邮票首发式，成功打造"孝文化"城市名片；2003年，孝感市又承办了全省首届"荆楚十大敬老好儿女"评选活动；2005 年以来，中央电视台两个收视率较高的栏目《激情广场》和《星光大道》，先后不约而同地以弘扬孝文化为主题，在孝感举办大型文艺活动，将孝感的孝文化进一步推向全国；孝感社会各界孝文化研究如火如荼，已成功举办了 9 届全省、全国性的研讨会；孝感"中华孝文化活动月"系列活动如期举行……围绕这一系列孝文化活动及其取得的成果，孝感本地新闻媒体精心组织进行了全面、深入的报道，为孝文化名城建设营造了良好的舆论氛围。

2007 年初，孝感市委宣传部在安排部署全年的宣传工作任务时，策划了"弘扬孝德精神，共建和谐孝感"选题，被中宣部认可，纳入中央媒体"科学发展，共建和谐"大型专题宣传计划。中央主要新闻媒体先后在显要位置、黄金时段重点报道孝感市的孝文化工作。7 月 23 日人民日报在头版刊登消息《孝感倡导敬老扶弱促社会和谐》；8 月 4 日，中央电视台《新闻联播》的标题是："湖北孝感弘扬孝文化，促进和谐社会建设"；法制日报则在头版对该市孝文化进行了解读……孝感本地新闻媒体也毫不逊色，8 月份以来，先后在孝感日报、孝感晚报推出《孝感动天美名扬》《孝文化，孝感自豪的名片》等大型系列深度报道，全面展开孝文化氛围的营造。下一步怎么做？建议把弘扬孝德作为社会主义精神文明建设的重要内容，着力营造良好的社会道德风尚和市民的精神风貌。在报纸、电视台、电台、网站上开设专栏，以孝感动天、孝行天下为主题，通过宣传身边人、报道感人事，营造以孝行为荣的社会氛围，增强广大市民的孝德意识，同时，不断提升孝感孝文化名城的城市魅力。

三、树立孝文化形象

榜样的力量是潜移默化而又无穷的。新闻传播学认为，"大众传播具有一种为公众设置'议事日程'的功能，传媒的新闻报道和信息传达活动以赋予各种'议题'不同程度的显著性的方式，影响着人们对周围世界的'大事'及其重要性的判断"[1]。建设孝文化名城，以孝文化影响人、熏陶人，

---

[1] 郭庆光. 传播学教程 [M]. 北京：中国人民大学出版社，2001.

新闻媒体应该主动设置议程，构建孝文化的典范形象。

孝感历史上，孝子典范形象层出不穷。第一个是"卖身葬父，孝感天庭"的汉孝子董永，董永"以孝感天"的事迹在《搜神记》《灵芝篇》《法苑珠林》《太平御览》等古籍以及一些地方志中均有记载。董永稍后，古泽云梦有个年轻人黄香，汉安帝时官至尚书令，颇有政。他幼时尽孝，为其老父"扇枕温衾"的事情家喻户晓。第三个是家在今孝昌县周巷镇哭竹港的三国时期的孟宗，其母因病想吃笋，"孟宗哭竹冬生笋"的故事也在民间广泛流传。还有个叫董黯的人，东汉浙江句章人，因其侍母至孝，汉和帝旌表异行，诏拜郎中，不就后徙居现在的孝感。除董黯之外，董永、黄香、孟宗等三位人间至孝均被名列古代第一部孝子集、元朝人郭居敬编辑的《二十四孝》中。历史上二十四孝就有三位出自孝感，这在中国是独一无二的；自明清以来，在史书中有记载的孝感孝子有 493 位。可见，孝感孝子典范形象辈出。

自 1996 年以来，孝感市已连续举办多届"十大孝子"和十大孝亲敬老小天使评选活动，吸引了中央电视台、美国华人电视台、人民日报、湖北日报、香港商报、新加坡新中原报等 50 多家新闻媒体的报道。在孝道的熏陶下，孝感的当代孝子不断涌现。2003 年，全省首届"荆楚十大敬老好儿女"评选中，孝感有两位孝子当选。其中，孝昌县刘青枝，以一个弱女子赡养娘家、婆家 8 位老人的感人事迹，全省得票第一，刘青枝两次被授予"中华孝亲敬老楷模提名奖"，她的事迹还被央视予以专题报道。孝感企业家余汉江，多年来捐助福利院和公益事业，捐资达 500 多万元，2003 年被评为全国爱心捐助先进个人，2004 年又被全国老龄委等 5 部委联合评为"中华孝亲敬老十大楷模"之一。另有鞠爱彬等 15 名孝感人被评为"全国孝亲敬老之星"。这些典范在践行新孝道、创新孝文化上做出了宝贵的贡献，是值得我们学习的榜样。

建设孝文化名城不能没有孝子名人。古有董永、黄香、孟宗，今有刘青枝、余汉江、鞠爱彬等。古人注重以史记载、树立孝子典范形象，今人更应从中受到启发，通过媒体宣传，大力推举、学习今天的孝子模范，以榜样的力量感染、带动更多的人践行新孝道，弘扬孝文化。由天润传媒、江苏省广播电视总台、华闻文化影视部联合摄制的电视剧《孝子》，是一部展示中华民族传统孝德精神、弘扬新时代和谐主题的电视剧，其中不乏孝子的典范形象，在学习参照上具有当代性和现实价值。孝感孝子辈出，不妨也将其事迹拍成电视剧，向全国乃至世界推介。

四、凸显孝文化特色

孝感市大力开发和利用孝德文化资源，继承和弘扬孝德文化传统，打造中华孝文化名城，是城市建设与发展的特色。新闻媒体要在强手如林的同业竞争中立足，首先就必须有自己鲜明、浓郁的个性与特色。同样，要凸显孝感孝文化特色，新闻媒体必须强化地方特色宣传报道。

凸显报道的特色，是新闻媒体做好文化报道的又一个需要重视的要素。哪些是值得宣传报道的特色呢？孝感不仅历史上孝子辈出，而且民间文艺丰富，素有剪纸之乡、楚剧之乡、皮影艺术之乡、漫画艺术之乡的美称。融入孝文化情结的孝感雕花剪纸，内容大多取材于孝感三孝的传说故事及其风景人物，无论是专业的剪纸艺人，还是民间业余爱好者，其作品总有着"孝文化"的浓浓情结，镌刻的是神话，雕镂的是民俗，张扬的是孝心。作为湖北楚剧的源头，孝感花鼓戏百演不衰的保留剧目就有反映董永与七仙女故事的《槐荫记》《百日缘》等。汉川善书和云梦皮影戏中，也有许多反映孝子事迹的曲目。孝感楚剧、孝感剪纸、汉川善书、应城膏塑、云梦皮影、安陆漫画是孝感的文艺特色。董永公园、理丝小区、槐荫大道、仙女路、仙女飞天雕塑、孝文化城、双峰山孝文化主题公园、湖北天仙园，等等，这些有着浓郁孝文化特征的名字是孝感的景观特色。形似仙女玉梳白似璧的孝感麻糖，天仙全麦啤酒，以表现董永、七仙女、黄香等人物故事为主题的竹简、膏塑、织锦、剪纸等文化产品是孝感的商业特色。中华孝文化研究会、湖北省孝文化研究会、湖北省孝文化研究基地在孝感成立；《孝感学院学报》精心打造"中华孝文化研究"特色栏目，研究和发掘中华孝文化，弘扬民族优良文化，发表了不少研究孝文化的论文，在学术界已产生较大的反响；《孝感文化研究》《孝感孝文化》《孝感孝子》等四部共 140 万字的孝文化系列研究文集全部出版，这些是孝感的孝文化研究特色。

文艺特色、景观特色、商业特色、研究特色、民俗特色、人文特色等都是新闻媒体宣传报道的内容特色。不仅如此，宣传形式也要有特色，从 2007 年 8 月 1 日起，作为主流媒体的孝感电视台启用新台标，新台标图案表现了董永与七仙女美丽的爱情故事，体现了孝感浓郁的地域文化特色，在形式上以独具特色的窗口形象对外宣传孝感，是对"孝文化名城"城市形象定位的尝试。

第二部分　孝文化建设

第二时期　学术文化创设

孝文化资源的发掘整理

孝文化资源的发掘整理，是科学保护与开发利用孝文化资源的前提。对孝文化资源进行发掘整理，有必要了解孝文化资源的内涵与特征，弄清孝文化资源发掘整理的对象，明确孝文化资源发掘整理的工作。

一、孝文化资源的内涵与特征

（一）孝文化资源的概念内涵

何谓"孝文化资源"？定义"孝文化资源"，应先从深刻理解"文化资源"概念的内涵切入。

在《简明文化人类学词典》（浙江人民出版社，1990 年 8 月版）中，陈国强等认为，文化资源指包括文化遗产在内的人类创造的各种物质文明和精神文明的总和。它分为有形的或物质的，无形的或非物质的。而在《论文化资源的可持续开发》（原载《求索》2004 年第 11 期）中，周正刚则认为，文化资源指可供主体利用和开发，并形成文化实力的各种文化客观对象，包括前人所创造积累的文化遗产库，今人所创造的文化信息和文化形式库，以及作为文化活动、设施与手段的文化载体库等。

综合上述观点可见，文化资源主要指人类创造的可供利用开发的各种物质文化遗产和非物质文化遗产的总和。在此基础上，不妨这样定义"孝文化资源"：指人类创造的可供利用开发的各种物质的孝文化遗产和非物质的孝文化遗产的总和。

（二）孝文化资源的主要特征

作为人类智慧与才识的表征，孝文化充分显示出精神层面的特征，主要有以下特点：无形性、差异性、适境性、再生性和传承性。

1. 无形性

孝文化精神和气质以不可见的形式存在于人们的思想、意识中，如孔子的孝道观。我们所能体验到的思想是从他的论述中、论著的解读中，以及人们不断的意会言传中把握其内核。它时刻以无形的姿态存在于孔子文化圈当中，这也告诉我们，在从事孝文化资源开发时，应特别注重精神品质的不断提升和丰富，才能够深刻把握孝文化资源的丰富价值和意义。

2.差异性

孝文化资源由于产生的背景、条件等不同，导致不同地域的孝文化资源大不一样。这也是孝文化资源得以交流和共享的前提。差异产生互动，在差异互动中，不同地域的孝文化资源互补增强。这为我们进行传统孝文化的创新与现代转化提供了有力的支撑。

3.适境性

孝文化资源的生命力要在一定的情景或者相当的环境资源条件支撑下才会发生。孝文化是民族的传统文化，文化是大众的文化。这种民族的大众的文化，为文化的传承和交流提供了丰富的适应情景，也因其广泛的影响力可以不断进行更新和补充，不断注入新生的力量源泉，最终找到适合人群传承和发展的根基。

4.再生性

孝文化资源的再生性主要是指精神产物。所谓精神的东西是可以进行加工和再创造的，比如"董永行孝感天"的故事，先后被改编成戏剧《天仙配》《织锦记》《百日缘》《槐荫树》等。这种文化资源的再创造，它不是一成不变的，更不是不可再生的资源。相反，这种孝文化资源使用次数越多越有价值。

5.传承性

传承性是孝文化资源不可缺少的。如古代"二十四孝"的故事是我们耳熟能详的，从小就从父母的口中、书本上听到或看到这些故事，这些古代孝子的故事通过口头流传、文字的记载存在了几千年。到了现代，人们采用新的技术手段又将它整合，进行更好的传承，比如将这些故事拍成电影、电视剧或制作成动画片等。

二、孝文化资源发掘整理的对象

如前所述，从孝文化资源的定义与特征来看，孝文化资源包括各种物质的孝文化遗产和非物质的孝文化遗产。也就是说，孝文化资源发掘整理的对象应包括两大类：物质的孝文化资源和非物质的孝文化资源。

（一）物质的孝文化资源

物质的孝文化资源，主要指物质的孝文化遗产。它是具有历史、艺术和科学价值的与孝文化相关的文物，包括古遗址、古墓葬、古建筑、古寺庙、石刻、壁画、近代现代重要史迹及代表性建筑等不可移动文物，历史上各时代的重要实物，如生产生活工具、工艺品（雕刻、陶瓷）、图书资料（文献、手稿、书法、绘画、文学作品）等可移动文物，以及在建筑式样、分布均匀或与环境景色结合方面具有突出普遍价值的历史孝文化名城（街区、村镇）等。

（二）非物质的孝文化资源

非物质的孝文化资源，主要指非物质孝文化遗产。它是各种以非物质形态存在的与群众生活密切相关、世代相承的传统孝文化表现形式，包括传统口头艺术、表演艺术（戏剧、歌曲、舞蹈、音乐）、体育游艺、风味小吃、民俗活动和礼仪与风俗、民间禁忌、民间信仰、乡规民约、有关自然界和宇宙的民间传统知识和实践、传统医药、传统手工艺和风味餐饮技能等，以及与上述传统文化表现形式相关的文化空间（即定期举行传统孝文化活动或集中展现传统孝文化表现形式的场所，如歌圩、庙会、传统节日庆典等）。

三、孝文化资源发掘整理的工作

针对物质的孝文化资源和非物质的孝文化资源，孝文化资源发掘整理的工作主要是开展孝文化遗产普查、建立孝文化遗产档案和加强孝文化遗产管理。

（一）开展孝文化遗产普查

以文化遗产普查促文脉传承，是弘扬中华文化、推动文化大发展大繁荣的有效途径。全国文化遗产普查，是我国文化遗产保护的重要基础工作，有利于发掘、整合文化资源；充分发挥文化遗产在建设社会主义先进文化，促进经济社会全面、协调、可持续发展中的重要作用；有利于增强全民文化遗产保护意识。开展孝文化遗产普查，主要工作包括：①抽调一批在古建筑、考古、文物摄影、建筑测绘和电脑技术等方面的文化精英，组成孝文化遗产普查专家组，建立一支素质过硬的孝文化遗产普查队伍。②设立孝文化遗产普查专家组的首席专家，全面负责并直接参与孝文化遗产普查的各环节工作，带领、指导队员实地开展孝文化遗产普查。③完善普查工作计划，监督普查工作进度，落实普查工作责任制，加强普查信息通报和普查安全等，做好孝文化遗产普查的保障工作。

（二）建立孝文化遗产档案

孝文化资源的发掘整理，其中无一项重要的工作就是建立孝文化遗产档案。不建立孝文化遗产档案，就无法谈后期的孝文化遗产管理，对孝文化资源的保护和开发利用便更无从谈起。建立孝文化遗产档案，是在孝文化遗产普查的基础上，对孝文化遗产相关数据信息的系统化采集、梳理、录入和保存。首先，要依据不同类型的孝文化资源，对孝文化遗产进行分类、认定、文字、绘图、照相等信息采集，以及各类表格的填写、照片的处理和电脑的信息录入等，确保各种信息完整、数据准确，保证信息录入各个环节的质量。其次，基于孝文化遗产数据信息的采集、梳理和录入，建立省、市（地区）县等各级孝文化遗产档案和数据库。最后，根据孝文化的宝贵遗产，要大力发展博物馆事业和申报世界文化遗产，进行保护性的档案保存。

（三）加强孝文化遗产管理

随着人们生活水平的提高，文化旅游的兴盛使文化遗产的经济价值空前凸显，在经济利益的驱动下，人们越来越重视文化遗产的开发利用。但文化遗产开发利用的前提是保护，保护的前提是发掘整理，发掘整理的基础又是管理。因此，文化遗产发掘整理的核心是管理。在我国，孝文化遗产的管理制度还不够完善，加强孝文化遗产管理，应注意解决以下问题：一是按照孝文化遗产的价值等级实行分级管理。对于不同等级的文化遗产，管理者的学术级别和业务能力的标准应当不同，管理制度也应有所区别。二是以法规与标准进行管理。政府的首要职能是制定和贯彻孝文化遗产管理法规与标准，法规不仅要有制约作用，还要有指导、引导作用；既要指出不能怎么干，又要指出应当怎么干，而且管理标准应当是系统的、具体的和可操作的。

孝文化遗产的表现形态

孝文化遗产的表现形态，主要是指孝文化遗产在现实生活中的表现形式和存在状态。在分析孝文化遗产类型和特征的基础上，我们发现，孝文化遗产包括物质形态的孝文化遗产和非物质形态的孝文化遗产。孝文化遗产的表现形态主要分为物质形态、制度形态、行为形态和精神形态等四种形式。

一、孝文化遗产的物质形态

孝文化遗产的物质形态，是指由"物化的知识力量"所构造成的，包括人类建造的各种建筑场所，是可以看得见、摸得着的具有物质实体的孝文化遗产。

（一）祠堂庙宇

宗祠、庙宇是人们用来供奉和祭祀祖先或神主的场所，也是一种后代人"怀抱祖德""慎终追远""饮水思源"和"报本返始"的孝思表现。

1.家族祠堂

家族祠堂，是家族的族人用来供奉和祭祀祖先或神主的场所。除此之外，它又是从事家族宣传、执行族规家法、议事宴饮的地方，被视为宗族的象征。比如云南的"陈氏宗祠"。

2.民间祠堂

千百年来，在中国的大地上涌现出许多感人的孝子和孝的故事，在民间有为孝子建祠堂的，成为传播这些孝子孝德的场所。比如江苏省连云港市的"东海孝妇祠"。

3.民间庙宇

民间庙宇，是民间用来供奉和祭祀先贤或神主的场所。在民间也有建庙以纪念某位孝子并教育后人的，比如四川省德阳市的"姜诗庙"。

（二）孝碑陵墓

立碑以夸耀门阀、颂扬功德之风始于汉代，唐代此风更盛。中国古代流行立碑以颂扬孝德早已有之。同样，古代盛行为孝子建墓，为先帝建孝陵，这些都蕴含着丰富的孝文化，反映着社会对孝子的尊崇。

1. 孝碑

孝碑分两种，一是为具有孝德的孝女立的石碑，俗称"节孝碑"；二是为具有孝德的孝男立的石碑，俗称"孝子碑"。节孝碑，以西安市灞桥区发现的"节孝碑"为例；孝子碑，以淮安市楚州区发现的"孝子碑"为例。

2. 孝墓

孝墓，通常是一个地方为颂扬孝德、教育后人而建的孝子墓。从此种现象看，也反映了当地人民尊老爱幼的传统美德以及对传统孝德的重视。比如湖北省孝感市现存的汉孝子董永墓。

3. 皇孝陵

皇孝陵，是皇家祭祀的遗址，是古代皇家贵族用来供奉和祭祀祖先或神主的场所。比如江苏省南京市的"明孝陵"。

（三）四合院建筑

提起四合院，人们首先想到的还是北京的四合院。四合院是老北京的主要建筑形式，始于12世纪，是中国传统居住建筑的典范。它不仅适应了北京的气候、地理条件，适宜一年四季的生活居住需要，而且四合院的居住方式还蕴含着十分丰富的孝文化。

四合院反映着中国传统的宗法制度，家庭的伦理道德和宗法观念在四合院中有充分的体现。早在周代，住宅建筑的功能就与礼制融为一体。北京的四合院，包括较大规模的由多个四合院组套而成的王府，甚至故宫，其建筑形式都有礼制的反映。所谓宗法，是指一种以血缘关系为基础，标榜尊崇共同祖先，维系亲情，而在宗族内部区分尊卑长幼，并规定继承秩序以及不同地位的宗族成员各自不同的法则。宗法制度有两大原则：一是嫡长子继承制，即严格区分庶嫡，只有正妻所生长子即嫡长子，才是唯一有权继承父亲地位的人。二是在宗族内区分大宗和小宗，都以正嫡为宗子，宗子具有特权，宗族成员必须尊奉宗子。同时，大宗对小宗有统辖权。而北京四合院内外宅的划分就将这两大原则巧妙地结合在一起。"北屋为尊，两厢次之，倒座为宾，杂屋为附"的位置序列安排，完全是父慈子孝、夫唱妇随、长幼有序的宗法伦理观念的现实转化。正院的正房是主人住的，也就是老爷太太住的，后面后院的一排房子是后照房，后照房是少爷少奶奶住的。东西厢房一般是少爷小姐住的。另外还有外院的倒座房是下人住的。在东南角上一般是厨房，一个四合院一般是住一家人。为了标志不同的辈分在家中的不同地位，四合院北屋、东屋、西屋尺寸都是不一样的，高度也是不一样的。正房是全院中最高、面积最大的房屋，以基台柱石增加其高度，以使重心突出，主次分明，井然有序，借以体现人伦关系和辈分。从这一点上来说，北京四合院可谓是我国古代社会中孝文化的缩影。

四合院使儒家的家庭礼制有了实施的空间环境，使传统的家庭关系通过四合院这种建筑形式物质化、具体化。四合院在建筑规制和使用功能上，体现了尊卑有等、长幼有序的伦理原则和道德观念。四合院所反映出的孝文化不仅从建筑自身表现出来，还大量地体现在四合院中家庭的人际关系和日常生活之中。

二、孝文化遗产的非物质形态

孝文化遗产的非物质形态，是无形的非物质实体的孝文化遗产。孝文化遗产的非物质形态具体可分为：孝文化遗产的制度形态、孝文化遗产的行为形态和孝文化遗产的精神形态。

（一）孝文化遗产的制度形态

孝文化遗产的制度形态，是孝文化的一个重要层面，是物质孝文化与精神孝文化的中介，是人们为适应人类生存、社会发展的需要而主动创制出来的关于孝的社会规范体系。作为有组织的社会规范系统，它在协调人与人、人与家庭、人与社会、人与国家之间的关系等方面有着显著的作用。

1.科举制度

汉代，中国历史上第一次将孝悌作为一种官职，这不仅仅是新增了一个官职的问题，更重要的是它代表了朝廷的导向：提倡孝，促使百姓向孝、

行孝，以官职作为榜样和表率。"举孝廉"，是汉代发现和培养官吏预备
人选的一种方法，是汉代政府官员的重要来源。孝廉是察举制常科中最主
要、最重要的科目，没有"孝廉"品德者不能为官。汉武帝时采纳董仲舒
的建议于元光元年（前 134 年）下昭郡国每年察举孝者、廉者各一人。不
久，这种察举就通称为举孝廉，并成为汉代察举制中最为重要的岁举科目。
它规定每二十万户中每年要推举孝廉一人，由朝廷任命官职。被举之学子，
除博学多才外，更须孝顺父母，行为清廉，故称为孝廉。中国古代文化以
孝治天下，历朝都将这一制度沿用了下来。今天，虽然没"举孝廉"之说，
但以孝德为先，考核选拔干部已成为大多数领导的共识。

2. 养老制度

养老制度初步建立在汉代，养老、敬老成了汉朝以孝治国的国策之一。
汉朝是中国历史上养老制度的一个重要时期，是中国古代养老制度的开创
期，许多具体的规定对后世影响很大并被沿用。如，给老人以优惠的物质
待遇，是汉朝具体的养老措施；对于老年人犯罪，适当地放宽刑罚；对于
老年人做买卖维持生计可以免除税收；对于那些家里 90 岁以上的老者，朝
廷会命令子孙奉养，朝廷对奉养者采取免除赋税的优惠政策，鼓励子孙尽
孝，等等。但随着东汉中后期外戚和宦官的干权，皇权被削弱，各项制度
也随之流于形式，其中包括养老制度。汉朝养老制度的衰落也是中国古代
养老制度的衰落，此后虽有各朝代仿照汉朝的做法，但只是提倡而已，根
本上就不能和汉朝的养老制度相比。南北朝时期，政府实行留养制度鼓励
养老行孝，即当死刑犯的祖父母或父母年老，家中又无其他的奉养人时，
法律规定，将赦免罪犯的死罪，让其回家养老。古代的养老制度将"孝养"
制度化，是养老社会化的表现之一，给我们带来许多反思与启发，是留给
后代的宝贵遗产。

3. 家规家训

家规家训是针对家庭成员的劝诫性规范，其中包含着许多劝导子女孝
敬父母的言教。制定家规是中国家庭教育的一大特点，若从孔夫子庭训儿

子孔鲤算起，可谓源远流长。三国魏嵇康、西晋杜预各有《家诫》，东晋陶渊明有《责子》，南朝梁徐勉有《戒子书》，都属家训一类，但其卷帙都很小，影响也不大。后北齐的颜之推作《颜氏家训》，全书七卷二十篇，内容丰富，体例宏大，堪称中国家训之宝典，惠泽后世蔚然成风。宋朝以后，家庭礼治不断加强，出现了各种各样的家法。权贵之家的家族法的代表是司马光的《家范》。《家范》在社会上层仕宦之家广为流传，南宋宰相赵鼎令其子孙各录一本以为永远之法。朱熹在司马光《家范》的基础上制定了一套烦琐的家庭礼制和礼仪规范，即《家礼》。《家礼》在内容上与平民之家的生活和劳作的规律基本一致，并且各种规矩、礼仪都十分详备，所以逐渐成为平民之家的家教之法。至于清代的启蒙读本《弟子规》，原名《训蒙文》，为清朝康熙年间秀才李毓秀所作。其内容采用《论语》学而篇第六章："弟子入则孝，出则弟，谨而信，泛爱众，而亲仁，行有余力，则以学文。"的文义为本，以三字一句、两句一韵编纂而成，分为五个部分加以演述；具体列举出为人子弟在家、出外、待人接物、求学等行为应有的礼仪与规范，特别讲究家庭教育与生活教育。后经清朝贾存仁修订改编，改名为《弟子规》。《弟子规》集家训或家规之大成，可谓古代教育子弟、养成忠厚家风的最佳启蒙读物。

4. 族规族盟

族规族盟是家族成员之间的禁止性规范，有明文的惩罚规定，以保证族盟的实施。中国古代社会流传着大量的族盟，内容涉及个人行为、家庭事务、宗族与其他相关社会生活。族盟的主旨是以儒家伦理道德原则规范家族成员的思想与行为。中国古代社会族盟的主要内容有：第一，孝悌。"百善孝为先"，孝悌是家族伦理的核心，族盟首倡孝悌。第二，耕读为本。"耕读传家久，诗书继世长"的门联常常见于乡村老屋。乡民对娼优隶卒等贱业十分不齿。第三，修身。节俭勤业、尊师重道、正直廉洁、恪守礼教等修身标准。第四，整肃门户。严格区分男女界限，不得非礼接谈。第五，严守尊卑秩序。第六，善择婚姻。注意门当户对。第七，慎选继子，以防家系的紊乱。第八，丧葬宜俭。宗族事务主要有以下内容：管理宗族的机构，宗祠活动，族产管理，族谱编修，祖墓祭扫，族学教育，尊卑区分，族谊互助等。此外为调整与乡里社会及国家的关系，族盟也作了许多具体规定。如和睦乡邻、规避词讼、不损他人、调解纠纷、捍卫宗族、严惩盗贼、保护环境、按时完粮纳税、莫谈国事以及禁入会党等。①从族盟的具体内容看，它的主要功能在于调节个人与家族、社会的伦常关系，以保证家族的生存与发展，具体来说有如下三种功能：以孝悌之道为礼俗之本，强化家族内部的伦理关系；以诚信忠厚为修身之本，形塑传统社会的理想人格；以劝诫惩罚的礼俗规条，规范家族成员行为，补足国法。

（二）孝文化遗产的行为形态

孝文化遗产的行为形态，是指受孝的思想支配而表现出来的外表举止与行为，它包括关于孝的各种命名、礼仪习俗等。了解作为形象符号的孝命名和作为调节人与人、人与社会关系的礼仪习俗，有助于我们更好地把握孝文化的特征。

1. 以孝命名的名称

名号称谓，是人和物的具体名称，也是一种形象识别的符号。在中国，将"孝"字作为事物的名号称谓具有普遍性。由于古人认为，只有心诚才会感动万物，故而后人习惯上将许多事物的名称前冠以"孝"字或与孝有关。

（1）以孝命名的地名

以孝命名的地名，体现的是某个地方或处所蕴含的孝文化。比如孝感市，因自古出孝子多，加之汉孝子董永"卖身葬父，孝感动天"而得名。中国有四条以"孝"字命名的江河，即三条"孝水"和一条"孝女江"。所谓的三条孝水是：河南洛阳的孝水，四川绵竹的孝水，山东淄博的孝水；一条孝女江，即是浙江的曹娥江。每一条江水的命名，都与孝行有关，都流传着一个孝子的感人故事。皇家祭祀遗址中，以"孝陵"著称的有三个：北魏孝武帝的孝陵，明朝朱元璋的孝陵，清朝顺治帝的孝陵。其中，以朱

---

① 费成康.中国的家法族规 [M].上海：上海社会科学出版社，1998：104.

元璋的孝陵最为著名，在古籍中频繁出现。

（2）以孝命名的景名

以孝命名的景名，体现的是某个景观所蕴含的孝文化。比较著名的孝文化景观有：湖北孝感的双峰山孝文化主题公园、董永公园、槐荫公园等，跟孝子董永有关。四川德阳的姜孝祠、三孝园、"天下第一孝"牌坊、孝泉塔等景观构成的"中国德孝城"，跟"一门三孝"（姜诗、庞三春、安安）有关。浙江省吉安县的孝子广场、孝子湖、孝子桥等，与孟宗等五孝子有关。

（3）以孝命名的人名

人名是人的道德思想、价值观念、文化心理、美学感悟以及社会习俗的反映。人们在为自己或他人取名时，把"孝"字镶嵌在人的名字之中，往往寄托着自己对道德境界的一种向往，表达着人们对孝道观念的肯定与追求。以魏晋南北朝时期为例，直接以"孝"字入名者尤以北朝为多。《魏书》记有李孝伯、崔孝直、崔孝政、崔孝忠、杨孝邕、王孝康、张孝直、裴孝才等30人。《北齐书》记有高孝琬、高孝瑜、高孝珩、高孝瓒、高孝绪、高思孝、窦孝敬、郭孝义等15人。《周书》亦记有名曹孝达、宇文孝伯、裴孝仁、许孝敬者。在南朝，《宋书》记有名殷孝祖、陆孝伯者，《南齐书》中有名徐孝嗣者，《梁书》记有名余孝顷、李孝钦者，《陈书》记有名刘孝尚、赵孝穆、陈孝宽及张孝则者。

2.有关孝的礼仪

对父母以礼相待谓之"孝"，"孝"在各种"礼"中排首。这是因为爱自己的父母是人类最自然的亲情，是一切情感的基础，也是最容易做到的。从爱自己的父母开始，将爱心推及于天下之人的父母，才能使人们和睦相处。

有关孝的礼仪，在古代蒙学读物《弟子规》中有较全面的具体规范。

《弟子规》中的规矩看似平常无奇，但是如果我们认真去实行，带给父母的欢欣快乐则不是物质上的给予可以媲美的。综合起来，为人子女者，若为孝，就应做到无违、敬、色和。无违，就是不要违背礼仪；敬，就是要敬重父母；色和，就是在父母面前总是和颜悦色。为人处世，若从小在家不学尽孝的礼仪，那么步入社会后因做人的缺失，就会常被人责骂成"没有家教"或"子不教，父（母）之过"。人生在世父母与我们最亲，给我们的恩情也最重，努力学习侍奉父母的礼节，把孝道当成一项大事业，用心经营，才能立足于天地之间。

3.有关孝的习俗

与孝有关的习俗主要包括节庆、婚嫁、丧葬、祭祀等蕴含孝文化的习俗。

（1）节庆习俗中的孝文化

中国传统节日发端于中华民族的农耕生活，与中国的二十四节气紧密相关。在数千年的漫长历史文化中沉淀、凝聚，形成了今天富有民族文化特色的传统节日。在漫长的发展过程中，中国传统节日更受到孝文化的深刻影响，最典型的就是中国的重阳节和清明节。

重阳节是农历九月九日，九月，严寒的冬关即将降临，人们开始添置冬装，也不忘在拜祭先人时烧纸衣，让先人在阴间过冬。这一来，重阳节便演变为扫墓及为先人焚化冬衣的节日。重阳节的习俗体现出人们希望高寿的愿望，也是追念祖先的反映。今天的重阳节被赋予了新的含义，1989年我国正式把每年的（农历）九月九日定为老人节，成为尊老、敬老、爱老、助老的老年人节日，体现出社会对老者的尊崇。

清明节是在仲春与暮春之交，是一个祭祀祖先的节日，清明节的习俗全国各地千差万别，但主要内容是扫墓。扫墓是慎终追远、敦亲睦族及行孝的具体表现。清明扫墓，谓之对祖先的"思时之敬"。许多地方扫墓不限于清明节这一天，而是清明节前十天都可扫墓，有的地方清明扫墓的时间跨度更长。2006年5月20日，该民俗节日经国务院批准列入第一批国家级非物质文化遗产名录。清明节的文化内涵就是感恩，人们认识到，今天的一切包括自己的身体都是祖先留下来的，不能忘本，所以要缅怀祖先的恩德，祈求生活平安幸福。人们以清明节为载体，把祭祀先人与中华民族推崇孝道、慎终追远的民族性格直接联系起来，承载了中国人知感恩、不忘本的道德意识。清明节祭祖扫墓、追念先人功德的活动，与中国文化深层的祖先崇拜、孝文化之间有着深刻的关系，而这种文化正是中国社会几千年来得以和谐稳定的基石，教育一代又一代人认识古人与今人之间的传承渊源，强化伦理观念，建立和谐的代际关系，进而促进人与人、人与自然之间的和谐关系，这也是清明节具有强大生命力的民间根基。

除重阳节、清明节之外，还有春节、端午节、中秋节等传统节日，都在某种程度上受到"孝道"思想的影响，具有一定的孝文化内涵。在民间有"送三节"之说，就是指春节、端午节、中秋节这三大节日，是全家成员团聚的日子，"每逢佳节倍思亲"，在外的儿女都要回到父母身边团聚，拜望长辈，并给长辈送上一份礼物，以表自己的一份孝心。由此可见，孝道已经渗透在中国的传统节日及节日文化中。

（2）婚嫁习俗中的孝文化

婚礼，无论在古今中外，都被认为是人生仪礼中的大礼，但对其的认识则古今大不一样。古人认为，家族和血统的延续，是做晚辈不容推卸的重任，即所谓"不孝有三，无后为大"，因此，把交合男女阴阳、产生子嗣的婚姻之礼放在一个很重要的地位，处处都反映着子女对父母的孝敬。

（3）丧葬习俗中的孝文化

丧葬属于古代"五礼"中的"凶礼"，长期以来，人们遵循"生，事之以礼；死，葬之以礼，祭之以礼"的古训，"丧尽礼，祭尽诚"。而农业时代的亲情、孝悌、道德、习俗、法律、崇拜等，在丧葬文化中都有充分展示。人死以后，直系的晚辈要披麻戴孝，表示后代对逝者的孝意和哀悼，这一习俗源自周礼。

"孝"是丧葬文化的精神内核。以关中丧葬为例，从始到终，集中贯穿着一个"孝"字。服丧期间，重孝者白天黑夜孝服不离身。所有孝子的服饰必须黑白二色。和丧事有关的诸多事物都带有个"孝"字，直系或旁系的晚辈，叫"孝子"；主家要给亲友散发一绺白布，叫"散孝"；男人头顶勒一个白布圈，叫"孝帽"；人们穿的白色长衫，叫"孝衫"；孝子们手里拄着缠白纸的柳棍，叫"孝棍"；灵前燃纸的瓦盆，叫"孝盆"等。丧事中间用的一些物品也蕴含着孝道。如孝子哭丧拄孝棍，意为哀甚不食，行走无力，须用杖扶持；腰间系粗麻，意为悲哀消瘦、裤带松弛，所以以粗麻系之。而且，关中丧俗直抵孝子内心。如亲人亡故以后，要烧倒头纸，兄弟姊妹号啕痛哭；亲友前来吊孝、烧纸，众孝子要一同陪哭；从人亡到掩埋，每天一早一晚孝子都得痛哭一场，叫"举哀"或"哭丧"；孝子们要整夜守灵，焚香燃蜡。孝文化从形式到内心得到了浓墨重彩的渲染。

（4）祭祀习俗中的孝文化

最早的孝，实际上是祭祀，即对死去长者的祭祀仪式。这种孝的祭祀仪式，都有着一个共同的目的，就是对生命的重视，尤其是对生命延续的重视，再演变为对活着的生命的重视。

中国古代的丧葬祭祀仪式隆重而烦琐，并且往往以儒家经典的形式给予规定。据有关文献资料，下葬之后儒家文化规定的祭祀仪式主要有反哭之祭、虞祭、卒哭之祭、小祥之祭、大祥之祭和禫祭等几种。

（三）孝文化遗产的精神形态

孝文化遗产的精神形态，是由人类在社会实践和意识活动中长期形成的孝的价值观念、道德品质、情感意识、思想思维等，这些都是孝文化遗产在精神层面上的存在方式和状态，都是孝文化整体中的核心部分。中国古代精神形态的孝文化遗产，对我国社会发展乃至人们的价值观等方面都有着广泛而深远的影响。

1. 经典论著

中国传统文化源远流长，内蕴于经典论著中，形成了完整的文化思想脉络。其中，关于孝的内容很多，是宝贵的孝文化遗产的精神形态。其中，最为经典的是"十三经"。

"十三经"是儒家的十三部经书，即《易》《书》《诗》《周礼》《仪礼》《礼记》《春秋左传》《春秋公羊传》《春秋谷梁传》《论语》《孝经》《尔雅》《孟子》。"十三经"是儒家文化的基本著作，就传统观念而言，《易》《诗》《书》《礼》《春秋》谓之"经"，《左传》《公羊传》《谷梁传》属于《春秋经》之"传"，《礼记》《孝经》《论语》《孟子》均为"记"，

《尔雅》则是汉代经师的训诂之作。这十三种著作，当以"经"的地位最高，"传""记"次之，《尔雅》又次之。十三种儒家著作取得"经"的地位，经过了一个相当长的时期，由汉朝的五经逐渐发展而来，最终形成于南宋。"十三经"的内容极为宽博，虽然各有所述，但"说孝论孝"是各个经典的共同特点。

儒家文化在封建时代居于主导地位，"十三经"作为儒家文化的经典，其地位之尊崇，影响之深广，是其他任何典籍所无法比拟的。"十三经"中关于孝的论说，对人们思想行为的规范、伦理道德的确立，无一不起到重要的导向作用。

2. 文学作品

文学起源于远古时代人类的生产劳动，它借助语言手段塑造典型的形象，反映社会生活的意识形态。反映孝主题的文学作品，也是孝文化遗产的精神形态。

孝子故事是文学创作的重要题材，孝道的内容普遍地反映在诗歌、散文、小说、志异、传奇、笔记、书礼、铭赋、祭文、挽联等各种文学形式中。历代文人在诗歌中对孝道的颂扬，尤其感人至深。南朝梁武帝萧衍的《孝思赋》、唐代孟郊的《游子吟》、唐代白话诗人王梵志的《你孝我亦孝》、宋代理学创始人邵雍的《孝父母三十二章》、元代陈高的《思亲词》、明代诗人段继芳的《思亲歌》、清代才子黄景仁的《别老母》，这些都是以孝为主线的著名诗歌。

除了诗歌之外，其他文学形式也包蕴着不少宣扬孝道的内容。例如，杭州伍子胥庙联"生全孝，死全忠，拼此身报答君亲"激情浩荡，气贯长虹；北京雍和宫康熙帝撰联"立身惟忠孝，永建乃家"寓谆谆教诲；《儒林外史》总共55回，其中有8回以孝义立题；《聊斋志异》虽然在鬼魂精灵世界里漫游，仍不忘以言孝开卷。

孝文化资源的科学保护

孝文化资源的科学保护是孝文化资源开发利用的基础。弘扬孝文化，建设现代化，需要积极开发利用孝文化资源。而确保孝文化资源的可持续性开发利用，又需要以科学发展观为指导，加强对孝文化资源的科学保护。

一、孝文化资源保护的意义价值

科学保护孝文化资源，既有孝文化资源在社会发展中的客观需要，也有孝文化资源对于维护文化多样性的意义，更有孝文化资源遭到破坏迫切要求得到保护的现实紧迫性。

（一）孝文化资源在社会发展中的作用

从发展经济来看，发展文化产业，建立特色经济，是地区经济发展的重要途径，合理开发利用孝文化资源可以直接带来经济效益，保护孝文化资源是积极开发利用孝文化资源的前提和基础。从文化建设上看，任何新文化的创造都必须有一定的基础，孝文化是中华民族传统文化的基石，孝文化正是现代文化创新的不竭源泉，对孝文化资源的保护是我国文化建设的重要前提和基础。由此可见，发挥孝文化资源在社会发展中的作用，应重视孝文化资源的科学保护。

（二）孝文化资源对文化多样性的意义

文化多样性是指世界各地的文化并非以单一的形式存在，而是呈现出各种各样的形态。"一花开放不是春，百花齐放春满园"，文化多样性是发展的动力之一，它不仅是促进经济增长的因素，而且还是个人和群体享有更加令人满意的智力、情感和道德精神生活的手段，还是可持续发展和自然资源保护重要而有效的基础。孝文化资源是我国丰富多彩的民族文化资源的重要组成部分，科学保护孝文化资源对于维护文化资源的多样性具有重要意义。

（三）孝文化资源遭破坏敲响保护警钟

孝文化资源保护面临的现状：其一，自然的磨损、侵蚀和人为的破坏；

其二，流失和消亡严重；其三，被过度地利用和滥用。孝文化资源遭到破坏的原因有保护意识缺乏、市场经济的冲击和现代化的挑战等。其中一个重要的原因是，在孝文化资源开发利用的过程中，由于急功近利，片面追求经济效益或因民族知识缺乏的开发，导致文化失真和利用过度，从而造成破坏。孝文化资源遭到破坏，必将导致文化环境的破坏，进而阻碍经济的发展。在发展经济的过程中，不能忽视对孝文化资源的科学保护。

二、孝文化资源保护的理念原则

孝文化资源的科学保护有其独特的规律和特点，必须遵循和坚持科学的理念和原则，主要是资源可持续发展的生态理念；保护第一、合理利用的原则；政府主导、社会参与的原则。

（一）坚持资源可持续发展的生态理念

科学保护孝文化资源，坚持孝文化资源可持续发展的生态理念，对物质孝文化遗产与非物质孝文化遗产的保护模式应有区别。对物质的孝文化遗产，应以移植性保护和开发性保护为主，同时与博物馆保护相结合；对非物质的孝文化遗产，可采取研究型保护、建民族风情园和生态博物馆等方式，对重要的非物质文化遗产还可采用确立传承人的办法。

（二）坚持保护第一、合理利用的原则

保护是开发的基础，努力促进孝文化资源开发与孝文化资源保护相结合，以保护保证开发的持续性，以开发促进保护的效能性。保护并不意味着封闭，是开放性的保护；开发并不意味着耗竭，是保护性的开发。科学保护孝文化资源，坚持孝文化资源保护第一、合理利用的原则，就是要在保护中加快开发，在开发中实现保护。孝文化资源的开发利用，本身是一种有积极意义且具效益的保护方式。它既使孝文化资源得到有效保护，又能充分发挥社会效益和经济效益，把孝文化资源优势转变为孝文化产业优势和新经济优势。

（三）坚持政府主导、社会参与的原则

政府的高度重视和科学决策在保护孝文化资源中起着主导作用，而社

会的广泛参与则使孝文化资源保护得到可靠的落实。科学保护孝文化资源，坚持政府主导、社会参与的原则，要求政府高度重视和积极参与孝文化资源的保护。首先，政府要成立孝文化资源保护的专门负责部门，持之以恒地抓好孝文化资源的保护工作。其次，在此基础上，政府应充分调动社会各方参与孝文化资源保护的积极性，动员广大人民群众自觉投身到孝文化资源的保护中去；汇聚各方力量，全面推动孝文化资源的科学保护工作。

三、孝文化资源保护的策略措施

针对孝文化资源的科学保护工作，需要提出行之有效的保护对策。其策略与措施主要有编制保护规划，实施整体保护；制定专项法规，健全保护机制；开展宣传教育，普及保护知识。

（一）编制保护规划，实施整体保护

出台"孝文化资源保护规划编制办法"，对保护规划的编制要求、编制内容和成果作出明确规定，为孝文化资源的科学保护提供技术支持。编制保护规划，强调近期性与长远性、战略性与策略性相结合，健全和完善分级分类保护制度，建立一套有规制标准和规范约束的完整保护体系。分级保护，可分为世界级、国家级、省级、市级、县级的孝文化资源保护以及珍稀、濒危的孝文化资源保护。分类保护，可分为有形的和无形的孝文化资源保护。对有形的孝文化资源要注意建立遗址显示、标示物标示和博物馆（或展示中心）展示等保护管理方式。对无形的孝文化资源则应采取文字、录音、录像等方法进行记录、储存和整理出版，建立保护档案和数据库。

（二）制定专项法规，健全保护机制

孝文化资源遭到破坏的原因既有天灾，也有人祸。天灾难测，人祸可料；天灾难挡，人祸可防。孝文化资源遭人为破坏，重要原因之一在于缺乏法制规范和约束。制定相关法律、法规和条例，为科学保护孝文化资源提供法律依据，将孝文化资源保护纳入法制化管理轨道，可起到未雨绸缪的作用。因此，既要健全和完善孝文化资源保护的专门性法律法规，依法打击破坏孝文化资源的违法犯罪行为；又要根据法律规范严明执法和严格监管，

依法强化孝文化资源保护的规范化、制度化管理。

（三）开展宣传教育，普及保护知识

重视孝文化的传统教育，把孝文化教育纳入学校德育的重要内容，把保护孝文化与保护生态环境结合起来，从源头上预防孝文化生态环境破坏的问题，以保障孝文化资源的可持续开发利用。编制"全民保护孝文化资源知识读本"，在全民中进行孝文化资源保护的广泛宣传教育。宣传教育的内容可包括孝文化资源科学保护的对象、意义、方法、措施和相关的法律法规等。宣传教育可充分发挥大众传媒的作用，在广播、电视、报刊、网络等开展专题宣传，还可通过开展孝文化资源保护的知识讲座、竞赛、咨询和发放宣传资料等针对性较强的活动，营造全社会保护孝文化资源的舆论氛围。宣传教育的途径可通过进机关、进乡村、进社区、进学校、进企业，切实提高全民保护孝文化资源的意识，并形成共识。

孝文化资源的开发利用

"孝"是中华民族的传统美德，由此衍生的孝文化是中华优秀传统文化的根源，深深影响着中华民族的思维方式、心理结构、价值选择、伦理道德和行为方式，为人类文明和社会发展做出了重要贡献。随着传统社会向现代社会转型，孝文化也需要现代化，开发利用孝文化资源，既是促进现代化建设的需要，也是孝文化在创新与发展中焕发新的生命力的需要。

一、孝文化资源开发利用的现实意义

开发利用孝文化资源，对于促进现代化的"四个文明"建设、推动社会发展和进步具有重要的现实意义。

（一）孝文化与物质文明建设

社会中的人既是经济生活中的人，又是文化生活中的人，人的活动是经济活动和文化活动的统一体。我国民间的传统节日，如春节、元宵节、清明节、端午节、中秋节等，无不是文化活动和经济活动伴生在一起，精神享受和物质的消费交错在一起。开发利用孝文化资源，形成孝文化消费，不仅可以带来可观的经济效益，而且可以促进市场经济的发展，推动物质文明的建设。

（二）孝文化与精神文明建设

以孝亲、感恩、仁爱、忠诚、责任、和谐为思想核心的孝文化，是中华民族共有的宝贵精神财富。孝文化作为一种基本的社会伦理、公众道德准则，能为人们的思想道德建设、良好社会风尚的形成等提供精神动力和智力支持。开发利用孝文化资源，能使其为社会主义精神文明建设与构建社会主义和谐社会做出新的贡献。

（三）孝文化与政治文明建设

几千年来，孝文化为维系政治社会稳定发挥了重要的作用。稳定是压倒一切的大事，我国的社会主义现代化建设需要有一个安定团结的政治环境。孝文化中感恩、仁爱、忠诚的思想对于维系家庭、社会和国家的稳定依然能发挥其独特的作用。而且孝可移入忠，孝乃忠廉之始基，政治人格的培养应高度重视孝德教化。开发利用孝文化资源，对于推动政治文明建设具有重要的现实意义。

（四）孝文化与生态文明建设

生态文明是农业文明、工业文明发展的一个更高阶段；从狭义的角度讲，生态文明与物质文明、精神文明和政治文明是并列的文明形式。以感恩为基础的孝文化是中华民族传统的和谐文化。开发利用孝文化资源，使人类常怀感恩之心，在改造大自然的同时，重视对自然环境的保护，摆脱生态与人类两败俱伤的悲剧，达到人与自然和谐共生、良性循环、全面发展、持续繁荣的目的。

二、孝文化资源开发利用的主要形式

从市场经济来看，文化产业正成为经济增长的新引擎。积极应对人口老龄化，在开发孝文化资源的基础上，发展爱老、敬老、养老的孝文化产业势在必行。综观孝文化产业开发的形式，主要表现为四类：特色旅游业、产品制造业、影视出版业和敬老服务业。

（一）孝文化特色旅游业

在经济全球化的背景下，国家提出了促进旅游发展的系列政策措施。2008 年，中央召开的经济工作会议明确要求"着力发展旅游消费和服务消费"。随着旅游热的兴起，现代旅游已上升到文化的高品位。据调查，在旅游中开阔视野、了解特色文化、创造幸福生活，是现代旅游观光的新价值取向。为此，各国各地纷纷开发具有本国本地特色的文化旅游项目。例如，国外的法国乡村旅游、美国宇航旅游、越南战迹旅游等，国内的北京胡同旅游、温州茶文化游、武当道教文化游等，这些特色旅游项目的成功操作，不仅印证了以"特"制胜的旅游产业发展趋势，同时也为发展孝文化旅游提供了经验样本。开发利用孝文化资源，发展孝文化旅游产业，是开辟特色文化旅游的新路径。依托固有的孝文化资源，围绕老年人旅游消费中的行、游、住、食、购、娱等开发旅游产品和旅游项目，提高孝文化资源的可利用性，并加大对历史文化和自然资源的创新发展和创造性转化，变无形资产为有形资产，变休眠资产为活跃资产，真正变孝文化资源优势为孝文化旅游的品牌优势和经济优势。抓住旅游业中"孝"的特色，以其独特的孝文化魅力吸引人、感染人、愉悦人，打造富有竞争力和影响力的孝文化特色旅游业品牌。

（二）孝文化产品制造业

伴随着物质生活水平的提高，人们更多追求精神上的需要，文化消费走进千家万户，在老百姓的消费支出中逐步扩大比例，市场潜力无穷。比如，浙江义乌销售的仿古竹简，上面刻上《孙子兵法》，0.35 个平方米的竹简卖到 160 元，上面刻上《论语》，则卖到 200 元，而且不零售，6 幅起卖。中国自古以来讲究孝道，对父母的"孝"，在今天看来，精神上的"孝"更重于物质上的"孝"。在物质上赋予"孝文化"的精神内涵，让物质和精神上的"孝"相结合，可说是开发利用孝文化资源、发展孝文化产品制造业的一种创意。开发孝文化产品主要有三种思路：一是将本地特产与孝文化产品开发相关联，使孝文化产品"特"上加"特"，如孝感具有孝文化特色的麻糖和米酒；二是将孝文化产品开发与敬老助老礼品相关联，使孝文化产品与老年人生活用品息息相关，如老年人保健品、休闲品、贺寿用品等；三是将孝文化产品开发与旅游购物产品相关联，满足游客购物留念礼品的需要，如以孝文化为内容的雕塑、书画、像章印章、纪念邮票等。当然，孝文化产品的开发离不开孝文化产品的包装，随着孝文化产品制造业的兴起，必将带动孝文化产品包装业的繁荣。

（三）孝文化影视出版业

影视出版业作为文明传播的一种重要载体和方式，对于弘扬孝文化具有广泛的传播力和深刻的影响力。在新的历史条件下，开发利用孝文化资源，发展孝文化影视出版业，传播孝文化的时代内涵，对于劝人尽孝、丰富人的精神生活、倡导公序良俗、构建和谐社会意义重大。孝文化资源的影视创作开发展现了孝文化的时代魅力。比如，"家庭是孝文化的发源地，家庭幸福是人类第一大事，家庭问题自古是创作的重要对象和源泉，我国表现家庭伦理的影视剧不断形成收视热潮，受到社会各界的广泛关注和好评，《我的父亲母亲》《孝子》《咱爸咱妈》《家有爹娘》《戈壁母亲》《我们的父亲》等一大批影视剧集中展示了我国孝文化的时代魅力，歌颂了中华民族的传统美德，而且对于人性的升华极具教育意义"[1]。除了孝文化影视剧，"孝文化书刊、戏曲、歌曲、动漫、网游等也是孝文化出版业的重要开发对象，而且孝文化影视出版业与新媒体传播相结合，则犹如插上腾飞的翅膀，更能增强孝文化传播的吸引力和感染力"[2]，以现代传播科技展现出孝文化的时代魅力。

（四）孝文化敬老服务业

孝文化的核心是孝敬老人，孝文化产业应紧紧围绕这一核心做文章。迈入老龄化社会，人口老龄化既是挑战也是机遇。积极应对老龄化，依托孝文化资源，研究和开发孝文化敬老服务业，使老有所依、老有所安、老有所乐，让敬老服务业成为服务老人的一种神圣事业，也让晚辈参与敬老爱老服务，与消费成为一种"孝"的象征。大力发展体现孝文化特色的敬老养老服务业：一是建立一批各种服务标准的养老公寓、养老医院、老龄文化活动中心等，满足不同层次的养老需求；二是鼓励兴办满足各种老龄消费需求的敬老养老服务企业，照顾老人饮食起居、陪伴老人休闲娱乐等，为老人提供全方位的养老生活服务，打造敬老爱老的企业文化品牌；三是培养一批专业化的敬老养老服务人员，学习敬老陪护技能，树立敬老爱老助老的精神，为有需求的老年人提供专业化的服务。此外，围绕敬老服务业，还可以开发"孝文化节"等节庆活动，商机无限。比如，把重阳节办成"孝文化"节。重阳节自古有登高辟邪、饮菊花酒、赏菊、品糕、插茱萸等习俗，1989年，由政府赋予该节日敬老的内涵。再比如春节、清明节、中元节、端午节、中秋节等传统节日中的孝文化，已融入人们的生活结构和心理结构中，具

---

① 陈朝晖. 从热播家庭剧看影视资源开发中的孝文化传播 [J]. 新闻知识, 2010（2）: 48-50.
② 陈朝晖. 动漫孝文化: 青少年德育中的"诺亚方舟"[J]. 孝感学院学报, 2011（1）: 17-20.

有强大的开发潜力。把传统习俗与当代孝亲敬老风尚结合，举行老年人登高比赛、赏菊、品食、插茱萸以及孝子评选等活动，可以拓展文旅、文商、文会、文宣等很多的产业项目。

三、孝文化资源开发利用的策略措施

开发和利用好孝文化资源，必须树立和落实科学发展观，其策略和措施主要是合理开发，提高效率；创新体制，整合资源；聚合力量，打造品牌；加强领导，形成体系。

（一）合理开发，提高效率

孝文化资源不仅具有人伦价值、文化价值和历史价值，而且具有产业功能和消费价值，有着不可估量的经济开发价值，这是其传承和发展的内在动力。以开发孝文化旅游为例，对孝文化资源丰富的地区合理、科学地开发，既可保持孝文化的特色，又能满足现代人旅游的需要，促进经济的发展。要进行合理、科学、有序的孝文化资源开发，提高资源利用效率，必须考虑文化生态环境的长存性和孝文化资源的承载力，坚持孝文化资源可持续发展战略，制定符合我国国情和资源再生能力的孝文化资源开发总体规划，建立行之有效的开发保障体系；必须改变那种低效率、简单化、粗放式的开发行为，反对"竭泽而渔""杀鸡取卵"的急功近利做法，特别要避免走先耗竭后节约、先污染后治理、先破坏后保护的弯路，确保孝文化资源的永续利用；必须把握好市场需求与孝文化资源条件、孝文化资源供给与孝文化产业发展的关系，提高孝文化资源开发能力和市场开发效应。

（二）创新体制，整合资源

孝文化特色鲜明、资源丰富，但在开发利用上却多呈现"互相割裂、多点开花、各自为阵、难成气候"的严重现象，没有形成一根或多根贯穿并相连的纽带，资源优势未能得到充分利用与整合。对此，开发利用孝文化资源，亟待创新体制与整合资源。开发利用孝文化资源的体制与机制创新，重要的不是谁拥有资源，而在于谁能利用和整合资源，发挥资源的最大效应。要搞好孝文化资源开发利用的规划，实现顶层设计与基层实践的对接，

建立协调统筹机制，推动上下联动、政企联动，形成攻坚合力；要完善多元投入机制，推动投融资体制创新，形成政府主导、市场运作、多元投入的新机制；要创新资源整合与区域合作开发机制，形成叠加效益、利益共享、协调发展的合作机制。整合孝文化资源要注意两个融合：一是要跨区域融合，依据共同点，打破各地条块分割、资源孤立的局面，形成跨区域资源共享、集成优势；二是孝文化与经济、旅游、生态、研学等融合，让孝文化资源的开发利用"全面开花"。

（三）聚合力量，打造品牌

任何一种文化产业的市场竞争力与影响力，归根结底离不开其独具特色的品牌效应。要实现孝文化产业的品牌效应，就必须把孝文化资源打造成孝文化品牌，从而形成巨大的文化生产力。在开发利用孝文化资源的过程中，"单打独斗"是难以形成"拳头"力量，将"孝文化产业"这块"蛋糕"做大做强、做成精品的。文化源自心灵又影响心灵，文化聚合力量又生产力量。打造孝文化品牌，彰显孝文化产业特色，科学地开发和利用孝文化资源，重点在于形成合力。聚合力量，如何把孝文化品牌做大做强？其一是协调管理区域的孝文化产业开发，对一个地域内的同质孝文化资源实行整体营销与捆绑开发。以孝感为例，将孝感的董永遗址、孝昌的孟宗遗址、云梦的黄香遗址、双峰山风景区和观音湖风景区聚合为"五点成一片"的孝文化旅游核心圈，实行整体开发；其二是筑巢引凤，借力发展，吸引企业和社会力量投资，形成政府、企业和社会力量相结合的产业投资格局。

（四）加强领导，形成体系

孝文化产业化是一项系统工程，需要进行合理的规划和科学的研究。科学地开发和利用好孝文化资源，需要加强领导、形成体系。建议成立由市、县（区）党政主要领导、专家学者等参与的孝文化资源开发利用工作领导小组（或工作委员会），组建专班，配齐人员。在党的领导下，市县（区）一体化专门从事孝文化开发利用及研究工作，合理规划、科学分析，平衡推进、形成合力。做到宏观有盘子，微观有点子，策划大手笔，成果大气派。市、县（区）孝文化资源开发利用工作领导小组（或工作委员会）定期或不定期地召开学术研讨会、经验交流会、工作汇报会、专题调研会，做到年初有规划、年中有检查、年底有奖惩，促进市县（区）的相关工作平衡推进，从而形成有计划、有目标、有机构、有领导地开展孝文化资源开发利用工作的良好局面。

文明视域下的孝文化建设方略

孝文化建设是我国文化建设的重要组成部分，也是建设"文明中国"的需要。弘扬优秀传统文化，促进文化大发展大繁荣，孝文化建设可着眼于文化强国、道德建设和老龄产业三个维度的部署。

一、孝文化建设与文化强国战略结合

2011 年 10 月 18 日，中国共产党第十七届中央委员会第六次全体会议审议通过《中共中央关于深化文化体制改革、推动社会主义文化大发展大繁荣若干重大问题的决定》，其中最大的亮点就是提出建设"文化强国"长远战略。孝文化建设作为我国文化建设的一部分，应与文化强国战略相结合。

（一）扬弃孝文化，弘扬传统文化

中国特色社会主义文化建设需要从传统文化中汲取有益的成分。孝文化是中华优秀传统文化的组成部分，孝文化的传承既要创新，更要发展。孝文化的传承必须从文化的本质、历史、民族的特点进行把握，用科学发展观进行审视，赋予孝文化时代的特色，充分发挥其在建设中国特色社会主义中的积极作用。

孝文化作为一种文化遗产，既包含优秀的成果，也包含传统的消极因素。孝文化中敬老、养老、爱老这样贯穿中华文化始终的基本价值理念，表现了中华传统文化的基本精神，体现了中华传统文化的主流价值，是传统文化中为大众所认同所推崇的精华。从历史的不断发展中，我们亦可以看到，在中国社会中，传统孝文化在促进人际关系和谐、家庭和谐、社会和谐方面发挥着不可替代的作用。中国历史上流传的许多孝敬父母、尊君爱国的故事，在今天仍为人们所津津乐道，成为培育中华传统美德的源泉。此外，儒家的孝是一种积极进取的伦理，对中国社会的发展发挥了巨大的文化推动力的作用。但是，从封建社会一路走来的孝文化，无疑带有一定的封建糟粕性。比如过于强调服从，过于强调尽忠尽孝的责任，具体礼节也过于繁缛和刻板等，含有许多封建专制的思想、愚忠愚孝的故事。

现在我们传承孝文化，不是生搬硬套，而是分其良莠、辨其真伪，学会"扬弃"。我们对待传统孝文化要采取鲁迅先生的"拿来主义"，吸其精华，去其糟粕，结合时代特征与需要，弘扬传统文化的优秀成分，以更好地服务于社会主义精神文明建设。

（二）发展孝文化，建设文化强国

建设社会主义文化强国，是今天深化我国文化体制改革的重大战略任务和现实奋斗目标。明确这一点，不仅可以使得我们的文化自觉和文化自信有了一个高起点，而且可以使得我们在统筹国内和国际两个大局中规划和推进我国的文化建设。因此，必须以文化的自觉和自信发展孝文化，为建设文化强国做出贡献。

建设文化强国的前提是建设中国特色社会主义文化，这需要大胆吸收人类一切优秀文明成果，包括各领域文化建设相结合。发展孝文化，使其成为中国特色社会主义文化的一部分，同样需要孝文化建设与其他领域的文化建设相结合。比如，孝文化与动漫文化建设的结合。在全球范围内，动漫游戏产业作为新兴文化产业的支柱型产业，以"低耗能、高产值"的优势创造着巨大的社会和经济财富。2008年11月17日，华漫兄弟互动娱乐有限公司联合全国42家动漫企业联合发表《动漫强国宣言》，呼吁业内人士和企业共同加入动漫强国行列。宣言中提到："动漫强国不仅是文化救国更是经济强国；从动漫强国到文化强国有先例可循，日本的探索就给我们提供了很好的参考与启示。1996年，日本政府明确提出要从经济大国转变为文化输出大国，将动漫等文化产业确定为国家重要支柱产业；十几年来，动漫产业作为日本文化产业的代表，已经和日本电器、日本汽车并列，成为影响世界的三大日本制造；而与此同时，日本动漫产品也开始成功走向世界，成为最有价值的出口产品之一，在全球传播日本文化，彰显日本的影响力。"①

---

① 吕云．"动漫王国"日本如何打造文化影响力[J].玩具世界，2010（9）.

传统孝文化是我国动漫产业开发的特色宝贵资源，与动漫文化相结合，通过创新与创造进一步解放文化生产力，建设孝文化，发展孝文化，可以增强孝文化的国际影响力和国家文化的软实力。同时，也给我们为建设文化强国而加强孝文化与其他文化建设的结合以启发。

（三）传播孝文化，促进世界和谐

孝文化归根到底是农业文明的产物，它缘于父子之间的血缘亲情以及社会的良知和理性。如何认识孝文化的价值？今天，我们应站在时代的高度来进行审视和反思。儒家所倡导的"孝"是建立在"仁爱"的思想基础之上的，其本质是"敬"和"爱"。这种"敬与爱"就是孝的普适价值，它是不会受时间和空间局限的，不论是过去、现在还是未来；不论是世界上任何民族、任何国家都是需要的。从全球视野而言，传播孝文化，就是要传播它的普适价值，促进世界和谐。

儒家的孝的基本内涵是"尊敬"和"赡养"，"孝敬""孝爱"和"孝养"具有永恒的普适价值。"凡不孝，生于不仁爱也"，孝的本质是"敬爱"，没有"敬"和"爱"就不会有"孝"，就不会有家庭的和睦，也不会有社会的和谐，更不会有世界的安宁。"按照儒家的观点，全部人类都是天地所生的儿女，他（她）是同胞兄弟（民吾同胞），应该是彼此相敬相爱的；同样，任何民族、任何国家之间都需要相互敬爱，但是人类社会的文明史都是阶级斗争的历史，充满了残酷的暴力和血腥；从古到今，阶级之间、民族之间、国家之间不断地发生矛盾、冲突和战争，当今某些所谓'反恐战争'，造成无数的平民死亡和财产损失，一些军事联盟和欲想称霸世界的国家，以武力威胁其他的国家，严重威胁着世界的和平与安宁；因此，中国倡导构建'和谐世界'，世界各民族之间、各个国家之间需要相互尊重，人民之间需要相互敬爱，只有这样世界才能和谐与安宁。"①

世界需要爱，孝的普适性价值让世界充满爱。孝为仁爱之根本，传播孝文化的普适价值观，用孝来培养人的仁爱之心，用"老吾老以及人之老，

---

① 陈德述．论中华孝道文化的内涵及普适价值 [A]// 孝文化与构建和谐社会 [G]. 武汉出版社, 2009.

幼吾幼以及人之幼"的原则，把爱从爱亲人推及到爱人，再到爱宇宙万物，可使社会和谐、世界和谐。

二、孝文化建设与公民道德建设相结合

百善孝为先，我国古人强调孝是"立人之本"。《孝经》中说："夫孝，始于事亲，中于事君，终于立身。""立身"是"孝"的出发点，也是最终目标，立德正身以孝为本，就能得人信受人敬，就会有融洽的人际关系，古今同理。孝是立身处世之道，是道德的底线和起点，孝文化建设与道德建设相结合，主要体现在公民道德建设、学校德育工作、家庭亲子教育中。

2001 年，我国颁发《公民道德建设实施纲要》。在新世纪全面推进建设有中国特色社会主义伟大事业中，将法制建设与道德建设、依法治国与以德治国紧密结合起来，通过公民道德建设的不断深化和拓展，逐步形成与发展社会主义市场经济相适应的社会主义道德体系，具有十分重要的意义。

孝是善的行为，善是美的重要内容。百德孝为首，一切美德源于对他人的体贴和关爱，自古以来，中华民族就把"孝"视为一切人伦关系得以展开的精神基础和实践起点，认为"孝"不仅是对父母的孝，也是自身品德和精神的重塑。"老吾老以及人之老，幼吾幼以及人之幼""不独亲其亲，不独子其子""仁者爱人"……孝的含义由最初的"善事父母"，发展到后来包含尊师敬贤、尊长爱幼、友爱手足、扶危济困、热爱人民、忠于祖国等美德范畴。子女由最先对父母的爱发展到对他人、对人类、对社会的爱。在家孝父奉母，进入社会忠于祖国、热爱人民，成为现代化建设的可用之才。由爱生义，义则是大孝。如果说，孝的本质是孝敬父母的责任与义务，那么孝的升华则是感恩社会的仁爱与忠诚。在孝文化建设中，将这种责任与义务、仁爱与忠诚植根于公民的道德建设，可以更好地培养公民的社会公德、职业道德、家庭美德，做到爱集体、爱职业以及爱家庭。

公民道德建设是提高全民族素质的一项基础性工程，将孝文化建设与公民道德建设相结合，有利于弘扬传统文化和民族精神，有利于形成良好的社会道德风尚，有利于促进物质文明与精神文明协调发展。

三、孝文化建设与学校德育工作相结合

学校是学生的主要学习、生活场所。以德为先，培养德才兼备的人才，是学校教育的根本目标。加强学生的孝德教育，促进孝文化建设，学校德育工作在其中扮演着重要的角色。因此，孝文化建设需要与学校道德教育相结合。

其一，重视"知孝"教育。从小学到大学都有思想品德的课程，可是这些教材里有的根本就没有有关孝的内容，即使有也只是一笔带过，很难引起老师和学生的重视。孝知识的缺乏，最终导致学生的孝意识淡薄、孝行为失范和道德上的缺失。改变这种状况，一方面，需要学校重视学生的"知孝"教育，使孝德内容进教材、进课堂、进头脑，懂得孝对于感恩知报、养老敬亲和齐家治国的意义；另一方面，需要学校开展主题教育与学习讨论，提高学生对孝德的认识，激荡学生的孝心。改造创新后的孝德，属于民族优秀文化传统范畴，在学校德育内容中完全应占有一席之地。学校应在德育工作中加入孝德元素，使之参与育人过程。例如，可通过专题讲座、主题班会等活动，让大家直接参与孝文化的讨论，增进对孝德教育的理性认同。

其二，加强"行孝"教育。提倡情行并重，引导学生自觉践行孝德。开展孝德教育，就要把孝的情感教育与实践教育相结合，以情导行，以行表情，促进学生起教于微细，尝试于躬行，知行统一。"在校园可创设一些有利的教育情境，如利用感恩节、母亲节、父亲节、重阳节等节日，组织学生到孤儿院、干休所等开展孝老爱亲活动，还可以通过'一封家书''父母生日念亲恩'等感恩活动，让每个学生体会到父母的含辛茹苦与养育之恩，并引导他们从点滴做起，回报亲恩"[①]，学敬老爱亲之人，做敬老爱亲之事。

其三，推行"奖孝"教育。奖罚分明是学校德育工作的激励与约束机制，孝德教育要想在学校德育工作中取得良好的效果，关键是要求学校建立起一个完整的奖惩制度。对孝的典型要及时地表扬和奖励，对不孝的典型也要适当地批评和惩罚，并与学生及家长及时沟通。这样，可以让学生知孝、行孝获得动力。

---

① 肖波.赋予孝德教育新的时代意义 [N].中国教育报，2008-4-4（3）.

四、孝文化建设与家庭亲子教育相结合

孝德教育从家庭开始，加强未成年人的孝德教育，父母必须树立现代孝德教育观念，培养未成年人孝养、孝敬、感恩的孝德情感。这就要求孝文化建设与家庭体验教育相结合，为孩子树立孝敬父母的榜样，为孩子提供孝德实践机会，强化孝德体验。

首先，增强家长对子女进行孝德教育的重视。可以通过社区的亲子活动、学校的主题班会，让家长亲身参与其中，增强他们的孝德教育观念以及认识到对孩子进行孝德教育的重要性。在此基础上，家长应丰富孩子的孝道知识，使孩子对孝道有一个正确的认识，为行孝做好理论准备。在日常生活中，家长以身作则，孝敬长辈，为孩子树立行孝的表率作用。

其次，家长要重视孩子的孝道实践教育。家长应重视培养孩子的孝道意识，最重要的是要让孩子学会感恩，让孩子了解父母为子女和家庭所付出的一切努力。这样，孩子不仅会珍惜自己的生活，也会从心底产生对父母的感激和敬重，产生对父母尽孝的愿望。不知父母辛苦、只知道向父母"伸手要"的孩子，是不可能懂得孝敬父母的。为此，一方面，家长应有意识地让孩子明白父母的钱来之不易；另一方面，家长应从具体小事入手，培养孩子的孝道行为。父母应指导和训练孩子做一些体谅父母的事情，如帮助父母做一些力所能及的家务、关心父母的身体健康、分担父母的忧虑、满足父母的精神需求等，使孩子从中学会理解父母、感恩父母。

最后，形成良好的亲子互动关系。在人类社会各种各样的人际关系中，亲子关系是基本的人际关系。孝德是调整和处理各种人际关系的基本准则。个体只有在学会正确处理亲子关系之后，在此基础上才能更好地学会如何调整和处理其他人际关系，如同学关系、师生关系等。家长要理智地对子女施爱，对于孩子不合理或一时不能办到的要求，家长要耐心说服，不要被孩子的眼泪、撒娇和任性所动摇，孩子有缺点错误要及时教育，不迁就、不纵容，更不护短。在家庭的亲子互动关系中，家长不仅要在生活上、学习上关心孩子，更重要的是要爱护孩子的心灵。父母给孩子更多的尊重、

理解和信任，孩子同样也会回报以相应的理解、尊重和信任，而这种爱正是孩子行孝的根本动力。

五、孝文化建设与老龄产业发展相结合

文化事业与文化产业是文化发展的一体两翼。党的十六大以来把文化区分为文化事业和文化产业，一手抓公益性文化事业，一手抓经营性文化产业，这是文化建设认识上的一个重大突破，文化发展实践上的一个重大创新，确立了事业与产业的比翼齐飞。从这层意义上讲，孝文化建设应与产业发展相结合。

随着社会加速进入老龄化，老龄产业的兴起是老龄化社会不可逆转的趋势，与老年人相关的消费需求也将呈现跳跃式增长，老龄化加速将大幅拉升老年人的消费需求。但是，长期以来，老年人的消费观念却影响着老龄产业的市场消费，迫切需要改变传统消费观念，打造老龄消费环境。

尽管目前还没有关于老年人消费能力的精确预测，但一些粗略的测算已经可以看出老年人的消费潜力。中国老龄科学研究中心的数据显示，"城市的老年人中有42.8%的人拥有存款，每年老年人的离退休金、再就业收入、亲朋好友的资助可达3000亿至4000亿元；另外一个不容忽视而又无法统计的是子女对老年人的扶助与赡养的支出，在中国'孝道'的民族精神中，子女为父母的支出将极大提高老年人的购买能力"[1]。然而，我们也发现，"随着经济体制的改革和社会保障制度的完善，老年人的收入虽然增加，但老年人重积累、轻消费，重子女、轻自己的传统观念很难在短期内改变，直接影响老年人的消费增长"[2]。如何改变消费观念，拉动老龄消费，除了鼓励老人消费外，另外一个关键是在孝文化上下功夫，打造"孝文化消费"环境。因为社会中的人既是经济生活中的人，又是文化生活中的人，人的活动是经济活动和文化活动的统一体。孝文化的核心就是孝敬老人，应紧

---

[1] 张牡霞，秦菲菲.我国将迈入老龄社会"银发产业"万亿商机凸显[N].上海证券报，2011-4-29.

[2] 袁新立，杨东法.制定扶持政策 加快发展老龄产业[C]//全国老龄工作委员会办公室，中国老龄科学研究中心.全国老龄产业理论与政策研讨会论文集.老龄问题研究，2004（7）：3-10.

紧围绕这一核心做文章，通过开发老年人需要的各种产品，宣传一种购买这些产品孝敬给老年人的孝道，让购买这些产品成为一种孝的象征，成为一种风尚。特别是在我国民间的传统节日中鼓励"孝文化消费"，如春节、元宵节、清明节、端午节、中秋节等，使精神享受和物质消费交错在一起。

伦理秩序建构下孝文化建设的基本原则

"百善孝为先""百德孝为首""孝是一切人伦关系得以展开的精神根基和实践起点"①，孝文化建设是伦理秩序构建的基本内容和重要保障，建设社会主义和谐社会离不开伦理秩序的构建。因此，加强孝文化建设，对于构建伦理秩序、促进社会主义和谐社会建设有着重要的意义。那么，怎样建设孝文化，建设孝文化又应遵循哪些基本原则，这是有必要思考的问题。

一、一元主导和多元发展相统一的原则

"在意识形态领域中，我国坚持马克思主义的主导地位。"②从指导思想来看，孝文化建设理应遵循这个一元主导的原则。随着社会的发展，人们的思想观念、价值取向、生活方式日趋多样化，如果没有共同的理想信念和奋斗目标，没有思想上、文化上的和谐统一，就难于聚集各方力量。

马克思主义是中国先进文化的核心、灵魂和旗帜。坚持和发展马克思主义，是繁荣发展中国先进文化的关键，也是孝文化建设的根本。要将传统的孝文化建设发展成为先进文化，在指导思想上必须坚持加强和巩固马克思主义在我国意识形态领域的指导地位，用建设中国特色社会主义的共同理想统一思想、凝聚力量，用社会主义荣辱观引领社会风尚，增强全社会的凝聚力和创造力，积极引导人们树立正确的世界观、人生观和价值观，形成孝文化的和谐思想观念、思维方式和行为方式，丰富和发展社会主义和谐文化。

"和而不同是文化多元化的价值核心，多元一体是文化多元化的价值建构，多元并存是文化多元化的价值追求。"③在孝文化建设进程中，提倡宽容、尊重不同文化存在的价值，实现社会文化的多样性共存，兼容并包，

---

① 陈朝晖.从热播家庭剧看影视资源开发中的孝文化传播 [J].新闻知识,2010(2).
② 韩振峰.坚持马克思主义在意识形态领域的指导地位 [J].上海交通大学学报(哲学社会科学版),2006(3).
③ 刘卓红,林俊凤.论全球语境下文化多元化的价值意蕴 [J].岭南学刊,2002(2):73-76.

共生共荣；坚持社会主义先进文化的前进方向，更好地建设中国特色的社会主义先进文化，并以此影响和引导多样性的社会文化，实现在社会主义先进文化或主流文化主导下的社会文化和谐。

二、继承传统和改革创新相统一的原则

建设孝文化，离不开对中国古代优秀传统文化的继承和发展。自有人类社会以来，"和谐"就成为人们孜孜以求的一个社会理想。"作为古代哲学的核心范畴之一，'和'的思想贯穿于中国思想发展史的各个时期和各家各派之中，体现着中国传统文化的首要价值和精髓。"①孔子的弟子有子提出"和"为贵，墨子提出"兼相爱"，董仲舒强调"合者，天地之所生成也"，朱熹强调"中者，无过无不及之名也"。"和而不同"成为中国古典哲学的一大命题，"天人合一"成为中国传统文化的一大特色。这些厚重深远的和谐思想，为我们建设孝文化提供了可资借鉴的宝贵思想资源。

同时，建设孝文化也离不开对中国近现代以来先进文化的继承和发展。中华民族在长期的革命斗争和新文化运动中形成了爱国、科学、民主的优良传统，在党领导下形成了社会主义文化。如在社会主义建设时期形成的大庆精神、雷锋精神、"两弹一星"精神等建设型价值观念；在改革开放时期形成的"六十四字创业精神""九八抗洪精神"等创新型价值观念。其中，以改革创新为核心的时代精神是中华民族精神在新的历史条件下的发展。这些极其宝贵的精神财富是建设孝文化的坚实基础。孝文化建设还要吸收和借鉴世界优秀文明成果。"在人类社会发展过程中，不同国家和民族文化的独特性存在，使世界文化具有了丰富多彩的内容。每一个国家和民族的文化都有其长处，这是其存在和发展的基础。"②建设孝文化离不开与世界文化的交流与对话。对于世界优秀文明成果，我们要以宽广的眼界和博大的胸怀积极地吸收和借鉴。

---

① 管向群.传统和谐思想的启示[N].光明日报，2005-10-18（8）.
② 洪晓楠郭丽丽.吸收各国优秀文明成果　提高国家文化软实力[J].思想理论教育导刊，2008（11）：81-83.

在继承中华民族优秀文化传统和借鉴世界文明成果的同时，建设孝文化，我们还要不断增强文化的创新能力。"创新是一个民族进步的灵魂，是一个国家兴旺发达的不竭的动力，也是建设孝文化的源泉。文化创新，就要坚持与时俱进，促进文化体制及机制的创新，创新文化观念、内容、形式和手段。只有不断增强文化创新能力，才能促进文化和经济、政治、社会的协调发展，促进社会的全面进步。"①因此，我们必须全面贯彻尊重劳动、尊重知识、尊重人才、尊重创造的精神，让一切有利于社会进步的创新愿望得到尊重，创新活动得到支持，创新才能得到发挥，创新成果得到肯定，使全社会的文化创新能力不断增强，从而促进孝文化建设。

三、以人为本和全面发展相统一的原则

建设和谐社会就是要实现人与自然的和谐、人类社会的和谐与个人身心的和谐，其核心是人的全面发展和各方面积极性的充分发挥。而孝文化正是促进人的全面发展的重要条件。

孝文化的一个重要功能就是教育功能。促进人的全面发展，培养有理想、有道德、有文化、有纪律的社会主义公民，是孝文化建设的目标。孝文化就是以人为本的文化，即要尊重和重视人的价值选择，促进人的全面发展。具体来说，一方面是指人的整体发展，而不是个人的发展，孝文化强调子女赡养孝敬父母的责任与义务，同时也应包含着父母对子女的养育与关爱；另一方面是指人的主体性力量的张扬，人的个性的发挥，人的能动性和首创精神的展现，人的内在创造潜能得到越来越大的释放。孝文化让人们感受到人文关怀，接受先进文化特别是孝文化的熏陶和教育，从而获得自由、全面的发展，不断提高思想道德素质和科学文化素质。

构建社会主义和谐社会，最终是为了人的自由全面的发展。因此，孝文化建设也应坚持以人为本和人的全面发展相统一的原则。以人为本，归根结底就是以人民群众的根本利益为本。以人为本体现在孝文化建设中，

① 刘世洪.创新是一个民族进步的灵魂——弘扬创新精神　推动社会进步 [J].探索与争鸣，2001（2）：14-15.

就是要以孝文化的发展和进步来促进人的全面发展和完善，通过孝文化建设为人民服务；坚持"二为"方向、"双百"方针、"三贴近"原则，努力体现最广大人民群众的文化利益，弘扬主旋律、提倡多样化，以科学的理论武装人、以正确的舆论引导人、以高尚的精神塑造人、以优秀的作品鼓舞人，为人民群众创造和奉献更多的反映时代精神的好作品，最大限度地满足人民群众日益增长的文化生活需要。孝文化建设突出以人为本，须坚持弘扬和培育民族精神，发挥孝文化增强民族凝聚力和向心力的精神价值，因为一个民族如果没有振奋的精神、没有高尚的品格、没有坚定的志向，就不可能自立于世界民族之林。孝文化建设突出以人为本，还须大力发展孝文化的教育事业，全面贯彻党的教育方针，发挥孝德教育为社会主义现代化建设服务，为提高人的素质服务，坚持教育与生产劳动和社会实践相结合，培养德智体美劳全面发展的社会主义建设者和接班人。

新时代文明实践中的孝文化发展

孝文化是中华优秀传统文化的重要组成部分，在漫长又深厚的历史积淀中，孝文化由一种原生家庭的伦理观念上升为社会自治的道德规范，进而凝练成为深入民族血脉的人文精神，成为中华民族的精神基因、精神标志与精神追求，在中华文明实践中发挥着举足轻重的作用。2018年7月，中央全面深化改革领导小组研究通过《关于建设新时代文明实践中心试点工作的指导意见》，首次提出"新时代文明实践"概念。此处以湖北为例，重点梳理了2016—2018年湖北孝文化产业发展、孝文化事业发展、孝文化研究的基本状况，在新时代文明实践的视野下，分析与总结了湖北孝文化发展的实践经验与发展态势，旨在为发挥孝文化在新时代文明实践中的文化建设作用，提供借鉴与参考。

一、孝文化事业的发展状况

文化事业是以丰富和提高人们的审美水平、道德素养和才智能力，优化社会风气、行为规范以及价值趋向为目的的文化建设。孝文化事业发展，主要涉及孝文化践行活动、孝文化教育活动、孝文化群艺活动等方面的考察。

（一）孝文化践行活动

孝文化践行，即在社会生活实践中传承孝文化，政府或有关组织、单位通过敬老、爱老、养老、帮老、惠老的实际行动体现孝文化，起到弘扬孝文化的引领作用。下表是2016—2018年部分湖北孝文化践行活动情况（见表1）。

孝文化践行活动主要在全省六个地市（州）展开，分别是孝感、黄冈、荆州、武汉、宜昌、恩施。其中，从活动数量、举措上来看，黄冈麻城市开展的孝文化践行活动表现出更大的力度。孝文化践行活动形式丰富多样，例如：青少年孝行月、企业发孝道工资、敬老幸福食堂、敬老慈善宴、家规家训传孝、孝老基金、微孝善超市以及孝善扶贫等。在这些活动中，大多与孝文化养老、孝文化德育、孝文化慈善公益活动有关，成为政府精准扶贫、社会治理的一个重要举措。其中，成立养老基金成为一个突出的现象，旨在传承孝文化，开展常态化、规范化、社会化、公益化的帮扶项目。

表1　2016—2018年部分湖北孝文化践行活动

活动名称	组织单位	地点	时间（年）
孝感市第4-6届青少年"孝行月"活动	孝感市关工委、市文明办、市教育局、市团委、市妇联	孝感市	2016—2018
沙市厚植孝德文化 企业发"孝道工资"单位不提拔没孝心干部	蓝特集团、沙市区食品药品监督管理局、区纪委等	荆州市	2016
武汉探索公益敬老样本 "幸福食堂"惠及老人	武汉道能义工服务中心	武汉市	2016
麻城传承创新孝善文化、用家规家训成风化人	麻城市文明办	麻城市	2016
兴山县推行"农村孝心养老基金"	宜昌市兴山县政府	兴山县	2017
麻城市打造"微孝善超市"	麻城市文明办、三河口镇党委	麻城市	2017
麻城举办千叟宴、传播孝善好声音	麻城市木子店镇政府、麻城市爱心救助会	麻城市	2017
武汉孝文化促进会三周年孝亲宴	武汉孝文化促进会	孝昌县	2017
周巷镇孝亲敬老孝行日活动	孝昌县周巷镇政府	孝昌县	2017
麻城三河口镇弘扬孝善文化、助力脱贫攻坚	麻城市三河口镇党委、镇政府	麻城市	2018
恩施推动孝长敬亲的"盛家坝模式"	恩施州政府	恩施州	2018
麻城市成立启动巾帼孝善基金	麻城市妇联	麻城市	2018

资料来源：收集于互联网。

（二）孝文化教育活动

"夫孝，德之本也，教之所由生也。"孝是一切道德的根本，所有道德的教化都是由孝德派生出来的。孝文化教育，贵在"以文化人"。下表是2016—2018年部分湖北孝文化教育活动情况（见表2）。

表2　2016—2018 年部分湖北孝文化教育活动

活动名称	举办单位	地点	时间（年）
湖北孝悌文化主题故事会暨第1-3届湖北省孝道文化进校园进社区活动	湖北省委高校工委、省教育厅、共青团湖北省委、湖北广播电视台	武汉市	2016—2018
孝感市创建"孝德校园"活动	孝感市教育局	孝感市	2016—2018
"孝行天下"百姓宣讲团走进高校	湖北工程学院、湖北职业技术学院	孝感市	2016
孝文化讲堂	孝感电视台	孝感市	2016
讲座《国学与孝文化——谈为官之道》	孝感市政府	孝感市	2017
讲座《孝道文化及其在台湾的推广状况》	湖北工程学院	孝感市	2017
孝道文化讲座《百善孝为先》	湖北国土资源职业学院	武汉市	2017
讲座《孝廉心为本 身正方育人》	湖北工程学院	孝感市	2018
讲座《黄香孝廉文化及其当代价值》	湖北工程学院	孝感市	2018
毕业生党员廉洁教育讲座《孝廉文化》	湖北工程学院	孝感市	2018
讲座《儒家孝道的正本清源》	湖北工程学院	孝感市	2018
讲座《从孝文化看孝感文化自信》	湖北工程学院	孝感市	2018
全校学生同上新学期第一课：感恩爸妈	湖北文理学院	襄阳市	2018
麻城市中小学研学旅行实验	麻城市教育局	麻城市	2018
首届"少年风、国学诵"国学经典朗读大会传承孝善文化	麻城市孝感乡文化公园、麻城市新华书店	麻城市	2018

资料来源：收集于互联网。

　　总体上看，学校教育是孝教育的主阵地，社会教育势头正好，家庭教育略显不足；孝教育形式主要包括讲座、课堂、培训、研学、事迹报告等。湖北孝文化教育基本覆盖大、中、小学各个层面，学校的孝文化教育弥补了家庭道德教育中的盲区和缺失。开展大学孝教育的，如湖北工程学院、湖北文理学院、湖北职业技术学院、湖北国土资源职业学院等；开展中小学孝教育的，如孝感市教育局、麻城市教育局等。值得关注的是，由湖北省委高校工委、省教育厅、共青团湖北省委、湖北广播电视台等发起的孝文化进校园进社区活动，自武汉辐射各地，在全省将学校孝教育融入社会实践教育中，突出孝文化特色，贴近时代、实际、生活，使学生们"知孝、懂孝、行孝、弘孝"，营造了浓厚的孝文化氛围，促进了学生的身心健康发展。

（三）孝文化群艺活动

孝文化群艺，是以孝文化为主题组织开展的群众文娱活动与文学艺术创作活动的统称，孝文化群艺活动反映着社会的参与度与孝文化的影响力。下表是2016—2018年部分湖北孝文化群艺活动情况（见表3）。

表3　2016—2018年部分湖北孝文化群艺活动

活动名称	举办单位	地点	时间（年）
第13-15届中国（孝感）孝文化旅游节	孝感市委、市政府	孝感市	2016—2018
第1-3届孝昌孟宗文化旅游节	孝昌县委、县政府	孝昌县	2016—2018
第6-8届云梦黄香文化节	云梦县委、县政府	云梦县	2016—2018
随州炎帝故里寻根节	随州市委、市政府	随州市	2016—2018
第6-7届孝感"孝亲敬老小天使"评选	孝感宣传部、老龄办等	孝感市	2016—2018
第2-3届孝感市"最美孝德青少年"评选	孝感关工委、文明办等	孝感市	2016—2018
第2-3届三河口镇"孝善之星"评选	三河口镇党委、镇政府	麻城市	2016—2018
第3-5届麻城"孝善之星"评选	麻城市委、市政府	麻城市	2016—2018
第3-5届中华孝文化公益广告设计大赛	湖北省工商局、孝感市政府、湖北大学等	孝感市武汉市	2016—2018
首届孝感"寻找最美孝廉干部"评选	孝感市纪委	孝感市	2016
孝感市首批"孝德校园"评选	孝感市教育局	孝感市	2016
汉川拍摄楚剧电影《可怜天下父母心》	湖北省福星楚剧团	汉川市	2016
第9届孝感市十大孝子评选	孝感宣传部、老龄办等	孝感市	2017

活动名称	举办单位	地点	时间（年）
"四季感恩"校园文化活动表彰大会暨"湖职孝悌故事会"	湖北职业技术学院	孝感市	2017
《采茶仙子孝乡情》广场舞展演	孝感市群艺馆舞蹈队	孝感市	2017
"孝老情·跟党走"公益晚会	中国文化管理协会、老龄协会、咸宁老龄委等	咸宁市	2017
新编历史剧楚剧《黄香》演出	云梦县楚剧团	云梦县	2017
中华孝道大学生演讲比赛	湖北职业技术学院	孝感市	2018
孝爱满人间·湖北省戏曲艺术剧院走进孝感慰问演出《天仙配》	湖北省戏曲艺术剧院	孝感市	2018
"孝敬父母"十佳金点子征集活动	孝感老龄办、文明办等	孝感市	2018
"孝美我家"孝文化亲子活动	孝感市妇联、巾帼志愿者协会	孝感市	2018
央视播出麻城新歌《孝善故里》	央视频道CCTV-15	麻城市	2018
"孝善麻城——我身边的孝善故事"有奖征文	麻城市文明办、弘扬文化传媒有限公司等	麻城市	2018
麻城"不忘初心 民政为民"孝善总堂活动	麻城市民政局	麻城市	2018
"孝善之星"少儿才艺大赛网络评选	麻城文化小镇	麻城市	2018

资料来源：收集于互联网。

近年来，湖北孝文化群艺活动的开展逐年活跃，节庆、评选、演艺、艺创、娱乐（比赛、故事会）是孝文化群艺活动的主要形式。孝文化节庆营造孝文化的社会氛围，孝德模范评选引领孝文化的文明风尚，孝文化演艺与娱乐将孝文化教育融入百姓文化生活中，孝文化艺创则以优秀的作品感化人。在孝文化艺创方面，孝感的孝文化主题文艺创作和传播力度空前加强。据统计，截至2018年，孝感创作了大型孝文化主题楚剧《大汉黄香》《孝廉孟宗》《槐荫谣》等 20 余部，电影《可怜天下父母心》《爱在青山绿水间》等 10 余部，创作孝文化歌曲《中华孝道歌》《四孝歌》《孝感》等 100 余首，出版漫画集、摄影集等其他艺术类作品 50 余件。

二、孝文化产业的发展状况

文化产业，是从事文化产品的生产、提供文化消费服务的经营行业。孝文化产业发展，主要涉及孝文化旅游产业、孝文化养老产业、孝文化创意产业、孝文化制造产业、孝文化开发企业等方面的考察。

（一）孝文化旅游产业

文化是旅游的灵魂，"文化＋景观"的开发模式越来越得到旅游产业界的重视。随着旅游热的兴起，湖北以孝文化为特色的旅游产业发展呈现出蓬勃发展之势。下表是 2016—2018 年部分湖北孝文化旅游产业开发情况（见表 4）。

表 4　2016—2018 年部分湖北孝文化产业开发情况一览表

项目名称	项目属地	开发时间
麻城孝感乡文化园	麻城市	2016 年
首届湖北园博会孝感园	黄石市园博园	2016 年
孝昌县丰山镇井边湾忠孝第一府	孝昌县	2016 年
大冶市目莲寺首届"智孝人生"夏令营	大冶市	2016 年
凤凰天仙城	孝感市	2016 年
孝昌县孟宗公园	孝昌县	2016 年
钟祥市明代帝王丧葬艺术文化旅游线	钟祥市	2016 年
西河镇道店民俗村	孝感市孝南区	2017 年
孝感市天紫湖孝文化研学基地	孝感市天紫湖景区	2018 年
中华孝道文化园	孝感市双峰山景区	2018 年

资料来源：收集于互联网。

值得一提的是，孝感市凤凰天仙城是以孝文化为主题重点打造的 5A 级国家风景区，麻城孝感乡文化园是国内首个以移民寻根为主题的公园，有望成为孝文化旅游产业的新亮点。从以上项目来看，孝文化旅游产业开发分布于孝感、黄冈、荆门、黄石等地。孝感市具有开发孝文化旅游产业的丰富孝文化资源，黄冈、荆门、黄石等地则善于挖掘本地文化旅游资源中的孝文化元素。

（二）孝文化养老产业

在国内外养老产业方兴未艾、养老市场竞争激烈的趋势下，孝文化产业开发瞄准养老产业这一市场，以孝文化服务养老产业、提升养老产业品质。下面是2016—2018年部分湖北孝文化养老产业开发情况（见表5）。

表5　2016—2018年部分湖北孝文化养老产业开发情况一览表

项目名称	项目属地	开发时间
首届国际老年健康产业暨康复辅具博览会	孝感市	2017年
第二届国际老年健康产业暨康复辅具博览会	孝感市	2018年
天紫湖度假区中华敬老园	孝感市	2018年

资料来源：收集于互联网。

2017—2018年，孝感连续举办了两届国际老年健康产业暨康复辅具博览会，开发孝文化养老产业会展项目，同时举办"健康中国·幸福孝感"国际养老产业论坛，为孝文化养老产业发展引智献计。从中可见，以世界视角挖掘孝文化资源，是在养老产业领域开展国际合作与开发的探索。例如，中华敬老园项目位于孝感市孝南区肖港镇国家4A级天紫湖生态旅游度假区，该项目由中宣部、全国老龄办等国家五部委批准授名，被列入湖北省首批95个鼓励社会资本投资项目和孝感市100个重点项目之一。中华敬老园的开发规划始于2013年，至2018年11月7日举行破土动工仪式，标志着该项目进入实质性的开发建设阶段，也标志着孝感依托孝文化资源开发养老产业迈出坚实的一步。为将"中华敬老园"打造成为精品，项目公司针对世界先进养老度假项目进行调研后，对原有规划方案进行调整和升级，提出构建5A级生态旅游景区与国际康养度假区，打造"宜居宜业宜游"的养老名片。

（三）孝文化创意产业

孝文化创意产业，是一种以创造力为核心，通过技术、创意方式开发的新兴文化产业，主要包括孝文化消费类的传媒与影视、艺术与设计、软件与信息服务等。下表是 2016—2018 年部分湖北孝文化创意产业开发情况（见表 6）。

表 6　2016—2018 年部分湖北孝文化创意产业开发情况一览表

项目名称	项目属地	开发时间
中华孝文化名茶系列	孝感市	2016 年
董永传说邮票册	孝感市	2016 年
孝感皮影剪纸册	孝感市	2016 年
黄香、董永竹简手卷	孝感市	2016 年
孝文化三孝合集	孝感市	2016 年
二十四孝、新二十四孝明信片	孝感市	2016 年
中华孝文化图片数据库	孝感日报传媒集团	2018 年
《乡音乡情孝感人》影像数据库	孝感广电传媒集团	2018 年
《百岁老人——孝感百岁寿星百人影像》	孝感日报传媒集团	2018 年
《孝·感天地》首乐舞蹈剧	湖北当代孝文化研究院	2018 年
孝文化纪录片	湖北当代孝文化研究院	2018 年

资料来源：孝感市委宣传部、孝感市文体新广局。

近几年，孝文化创意产业强劲发展，孝文化数据产业与信息服务的发展尤为突出。孝文化创意产业，通过对孝文化资源进行挖掘、加工，将孝文化资源转化为可供人们生产生活使用的文化消费品。在挖掘、利用孝文化资源方面，主要表现为生活类、旅游纪念类、信息服务类等文化消费品的开发，涉及的文化消费品包括孝文化茶食、邮票、剪纸、竹简、图书、明信片、数据信息等。据孝感市文体新广局统计，截至 2018 年，孝感注册与孝文化有关的商标、包装等 1000 余件，开发的孝文化产品 17 大类。其中，孝文化创意产业走出国门，引人关注。在开发"中华孝文化名茶"悟道茶（大悟县，2013 年）的基础上，2016 年孝感的中华孝文化名茶系列搭上"一带一路"的"万里茶路"快车，外销俄罗斯市场。此举意义在于跨国传播中华孝文化，增进中俄两国友谊与文化交流。

三、孝文化研究的发展状况

孝文化研究，主要包括孝文化研究论坛、孝文化研究论著（包括论文和著作）、孝文化研究课题等发展状况。下面是 2016—2018 年部分湖北孝文化研究活动情况（见表 7、表 8）。

表 7　2016—2018 年部分湖北孝文化论坛（研讨会）

论坛（研讨会）名称	举办单位	地点	时间（年）
"新媒体时代下孝文化与青少年思想政治引领工作"论坛	湖北工程学院、市团委、市社科联	孝感市	2016
"健康中国　幸福老年"养老产业发展论坛	孝感市委、市政府	孝感市	2017
第三届海峡两岸孝文化与养老产业研讨会	孝感市委、市政府、湖北省台办等	孝感市	2017
"健康中国·幸福孝感"国际养老产业论坛	孝感市委、市政府	孝感市	2018
中华孝文化高峰论坛	中国伦理学会、《人民论坛》杂志社、孝感市委（市政府）、湖北工程学院等	孝感市	2018
第 6-8 届云梦县黄香文化研讨会	云梦县委、县政府	孝感市	2016—2018
"新媒体时代下孝文化与青少年思想政治引领工作"论坛	湖北工程学院、市团委、市社科联	孝感市	2016
"健康中国　幸福老年"养老产业发展论坛	孝感市委、市政府	孝感市	2017
第三届海峡两岸孝文化与养老产业研讨会	孝感市委、市政府、湖北省台办等	孝感市	2017
"健康中国·幸福孝感"国际养老产业论坛	孝感市委、市政府	孝感市	2018
中华孝文化高峰论坛	中国伦理学会、《人民论坛》杂志社、孝感市委（市政府）、湖北工程学院等	孝感市	2018
第 6-8 届云梦县黄香文化研讨会	云梦县委、县政府	孝感市	2016—2018

资料来源：收集于互联网。

表8 2016—2018 年部分湖北孝文化研究论著与核心期刊发表论文

作品名称	作者/单位	出版刊物	时间（年/月）
中华孝文化传承与创新研究	李银安，李明等/湖北省委党校	人民出版社	2018/3
书院孝文化传播的当代价值	陈朝晖/湖北工程学院	《青年记者》	2016/2
电视广告中的孝文化表现研究	郭勇/湖北工程学院	《中国广播电视学刊》	2016/8
日常生活中孝德的践履与核心价值观的落实	龙静云/华中师范大学	《中州学刊》	2017/1
孝文化遗产的数字化开发与传承	余日季/湖北大学	《湖北大学学报》	2017/5
改革开放 40 年来乡村孝文化变迁过程的认同与振兴	丁秋玲，张劲松/湖北工程学院	学习论坛	2018/10

资料来源：中国知网（CNKI）。

2016—2018 年期间，孝文化研究论坛（研讨会）主要集中在孝感召开。其中，孝感市在 2017 年和 2018 年连续举办两届"养老产业发展论坛"，表明孝文化研究注重社会生产力的转化，前后两届论坛比较细微的变化表现在：对养老产业的研究从国内视角转向国际视野。孝感市举办的"中华孝文化高峰论坛"，旨在打造孝文化研究的高地。在孝文化的论著发表方面：学术关注点更多聚焦在孝文化的时代意义与应用价值上；湖北工程学院是孝文化研究的主阵地，武汉大学、华中师范大学、湖北大学等高校和湖北省委党校也有学者参与。在孝文化课题研究方面：一项国家社科基金课题《传统孝文化的家庭养老模式在当代社会的可持续性研究》在研；三年中，湖北省高校人文社科重点研究基地"中华孝文化研究中心"共立项开放项目 30 项；2018 年，《人民论坛》课题调研组进驻孝感，围绕"中华孝文化名城建设"进行了系列专题调研，孝感市政协也就加快推进中华孝文化名城建设开展了专题调研。由以上可见，湖北孝文化研究重视孝文化的创造性转化与创新性发展，与新时代文明实践形成互动。2018 年，湖北当代孝文化研究院成立，湖北孝文化研究机构增添新成员。

四、孝文化融入新时代文明实践的发展态势

文化是社会发展中人类创造物质和精神财富的总和；文明则是文化的精华部分，经过历史沉淀被多数人接受和认可的思想、道德、精神、礼仪、秩序、民风、习俗和物质等。孝是中华民族的传统美德，也是社会文明进步的标志。孝意识、孝行为、孝规范建构起来的孝文化，是文明社会的个人修养与伦理规范要求，与文明实践水乳交融。通过对湖北孝文化发展状况的梳理可见，湖北孝文化发展融入新时代文明实践，表现出以下几个发展态势。

其一，孝文化发展培育和践行"社会主义核心价值观"。2014 年，中共湖北省委办公厅印发《关于培育和践行社会主义核心价值观的实施方案》①，在"总体工作思路"中提到："以孝敬教育为切入点，以党员干部、青少年、公众人物为重点对象，从国家、社会、公民三个层面全面系统地阐释社会主义核心价值观的内涵要求，分步骤有重点地推进社会主义核心价值观的培育践行，使社会主义核心价值观内化为人们的精神追求、外化为人们的自觉行动"；在"开展弘扬优秀传统文化系列活动"中要求：发挥湖北孝文化资源丰富的优势，开展孝敬教育，举办孝文化系列活动，组建一批孝心团队，宣传一批孝心村，加强孝文化研究，将传统的孝道进行现代阐述和科学表达，植入社会主义元素，使之与社会主义核心价值观的要求更加契合。从近三年的湖北孝文化事业发展状况来看，孝文化践行活动、孝文化教育活动、孝文化群艺活动都对以上要求作出了回应，开展的系列活动多以孝文化为切入点，培育和践行社会主义核心价值观。

其二，孝文化发展推进基层社会治理的"精准扶贫"。"精准扶贫"的重要思想最早源于 2013 年，习近平总书记到湖南湘西考察时首次作出了"实事求是、因地制宜、分类指导、精准扶贫"的重要指示；2014 年，

---

① 荆楚网.中共湖北省委办公厅印发《关于培育和践行社会主义核心价值观的实施方案》的通知 [EB/OL].（2016-01-13）[2019-10-15]. http://www.cnhubei.com/xwzt/2016/xyhbzt/xyhbxcjy/xcjygzbs/201601/t3513457.shtml.

习近平总书记参加两会代表团审议时强调"要实施精准扶贫，瞄准扶贫对象，进行重点施策"，进一步阐释了精准扶贫理念；2015 年，习近平总书记在贵州指导"十三五"时期扶贫开发工作时强调"确保贫困人口到 2020 年如期脱贫，扶贫开发贵在精准、重在精准、成败之举在于精准"①。此后，"精准扶贫"成为各界热议的关键词，"脱贫攻坚"成为当时各级政府设定的一项重要任务。"精准扶贫，是针对不同贫困区域环境、不同贫困农户状况，运用科学有效程序对扶贫对象实施精确识别、精确帮扶、精确管理的治贫方式。"②针对贫困地区、贫困群体不能赡养老人的状况，是政府以弘扬孝文化为切入点进行精准扶贫的重要抓手。一方面，政府制定相关政策制度鼓励、要求子女承担起孝养父母的应尽责任；另一方面，政府引导社会力量参与，成立"孝心基金"，帮助那些因经济困难确实无力赡养父母的贫困群体，这也成为政府创新基层社会治理方法的尝试与探索。

其三，孝文化发展助力乡村振兴战略的实施。弘扬孝文化，旨在进一步培育淳朴民风、良好家风、文明乡风，助力脱贫攻坚，推进实施乡村振兴战略。政府打好"精准扶贫"的脱贫攻坚战，从根本上是要实现"乡村振兴"。"产业兴旺、生态宜居、乡风文明、治理有效、生活富裕"是实施乡村振兴战略的 20 字方针，逐一对照，《乡村振兴战略规划（2018—2022 年）》明确了乡村产业、人才、文化、生态和组织振兴的战略方向。在"五个振兴"中，孝文化发展主要起到助力经济和文化意义上"乡村振兴"的作用。要脱贫先致富，要致富先振兴产业，乡村经济振兴首要的是产业振兴。孝文化文旅产业、养老产业、研学产业等在一些地方落地生根，为乡村经济发展增添了活力，同时多地以"孝文化节"为媒，推动了相关产业的发展。

① 李婧.习近平提"精准扶贫"的内涵和意义是什么 [EB/OL].（2015-08-04）[2019-10-15].http://www.ce.cn/xwzx/gnsz/szyw/201508/04/t20150804_6121868.shtml.
② 百度百科.精准扶贫 [EB/OL].（2018-06-26）[2020-05-16].https://baike.baidu.com/item/%E7%B2%BE%E5%87%86%E6%89%B6%E8%B4%AB/13680654?fr=aladdin.

面向乡村振兴的"孝善扶贫"

"民族要复兴，乡村必振兴。"2020年是全面建成小康社会的收官之年，《中共中央关于制定国民经济和社会发展第十四个五年规划和二○三五年远景目标的建议》中提出优先发展农业农村，全面推进乡村振兴。乡村振兴是我国新时期针对"三农"问题提出的重大发展战略。在乡村振兴举措中，"孝善扶贫"是一个值得关注的现象。无论是文化上的扶贫，还是经济上的扶贫，"孝善扶贫"对于助力乡村的文化振兴和经济振兴都具有重要意义。

一、作为乡村振兴举措的"孝善扶贫"

"孝善扶贫"概念，最初见于大众传媒报道中。何为"孝善扶贫"？即发挥孝文化建设对贫困老人或贫困户的慈善帮扶作用。"孝善扶贫"现象在全国各地涌现，继而引起业界、学界和政界的关注。

农村"空巢老人"越来越多，养老问题突出。"现在农村最困难的群体就是乡村的老人，心理、生理、收入等都处于被忽略的状态，对乡村老人的救助，他们的归宿、基本保障，应该是我们发展的重点。"[1]解决农村老人的养老难题，成为乡村精准扶贫最突出的问题。以山西省保德县为例，"保德县70岁以上的农村人口有7000多人，其中贫困户占了一半以上；不少老人面临'子女一大把，养老无人管''儿女撂挑子，责任推社会'等窘境"[2]。"还有一些人（子女）看到现在（扶贫）政策好，有利可图，便将老人的户口分离出去，让他们居住在乡间简陋的破房内，村里看到老人生活困难，便将其纳入贫困户序列。"[3]由以上可见：一方面，农村贫困老人无子女赡养；

---

① 北京日报客户端.刘守英：这是城乡关系中最值得反思的一件事！[EB/OL].（2020-05-21）[2021-06-19]. https://author.baidu.com/home?from=bjh_article&app_id=1601149438053974.
② 新华网客户端.一组小微举措 打通脱贫堵点——山西保德县精准脱贫透视 [EB/OL].（2018-12-27）[2021-06-19]. https://author.baidu.com/home?from=bjh_article&app_id=1537196318595058.
③ 陈敏.扶贫要扶"孝" [N].鄂州日报，2019-8-29（3）.

另一方面，农村老人因子女不孝导致养老困难。其中反映出农村孝道的缺失，经济扶贫须先从文化扶"孝"开始，"孝善扶贫"由此而来。

关于"孝善扶贫"的研究主要表现在两方面：一是孝文化与乡村精准扶贫的研究。"精准扶贫做得好的地方，德孝文化一般比较浓郁，乡村治理基本实现了良治、善治；德孝文化浓郁的地方，精准扶贫则更易推进，乡村社会治理也更加有序，各项事务井井有条；充分继承的基础上弘扬好、利用好德孝文化，让德孝文化蕴含的内在积极向善、向上、向美、向真价值，激活人们的善念，形成见微知著、见贤思齐、崇德重孝的社会风气，这是实现乡村善治、推动精准扶贫的可行方法。"[1]二是孝文化与农民养老责任引导的研究。"农民赡养责任意识一定程度受到国家政策的引导，孝善扶贫若要实现政策持续运转则需机制保障：孝善红榜、'文明户'等奖励机制能够带动其他村民积极参与到政策中来；将敬老孝老主动纳入村规民约是基层监督制约机制的体现；邻居帮扶贫困老人的互助机制扩大了政策影响范围。机制激活了农民养老责任的自主意识，使得子女养老行为从被动消极变为主动积极。"[2]

在乡村治理的视角下，已有研究主要探讨了"孝善扶贫"在"精准扶贫"与农村养老中的作用与机制，为研究"乡村振兴"战略下的"孝善扶贫"实践奠定了基础，也为巩固脱贫成果、实现可持续发展的乡村振兴提供了实践经验。孝善扶贫，微观上看是精准扶贫、解决农村贫困老人养老难的需要，中观上看是乡村治理的需要，宏观上看是乡村振兴的需要。在"乡村振兴"战略下，以"孝善扶贫推进精准扶贫，以精准扶贫助力乡村振兴"，作为乡村振兴举措的"孝善扶贫"，是基层治理实践的一个重要关注点，也正是本研究的意义所在。

二、全国"孝善扶贫"的湖北实践

2016 年，传媒报道山东临沂、济宁等地探索"孝善扶贫"之后，各地

① 许盛忠. 德孝文化、精准扶贫与乡村治理的联动发展研究 [D]. 江西财经大学, 2020.
② 刘梦影. 孝善扶贫: 政策引导下农村贫困子女养老责任意识的转变 [D]. 华中师范大学, 2020.

关于"孝善扶贫"的报道逐年增多。从全国范围来看："孝善扶贫"现象最早出现在山东，辐射河南、河北、安徽、黑龙江、山西、四川、江西、陕西、贵州、湖北、湖南、吉林、北京等10多个省、直辖市，其中山东、河南实施力度较大（见表1）。

表1　2016—2020年全国各地"孝善扶贫"实践①

"孝善扶贫"实践	地区（省市）	时间（年）
临沂市临港区"孝善工程"助力精准扶贫	山东省临沂市	2016
济宁创新三类养老扶贫模式 探索孝善扶贫新途径	山东省济宁市	2016
济阳区济阳街道"孝善扶贫"新模式惠及贫困老人	山东省济南市	2017
台儿庄市"孝善扶贫"让贫困老人老有所养	山东省枣庄市	2017
莒县创新"孝善养老"新模式 养老扶贫见成效	山东省日照市	2017
乐陵市募集"孝善扶贫基金"帮扶贫困老人	山东省德州市	2017
高唐县构建"三位一体"孝善扶贫新模式 奏响孝亲敬老扶贫曲	山东省聊城市	2017
沂源县实施四大工程 建立孝善扶贫机制	山东省淄博市	2017
牡丹区开创养老扶贫新途径 引导群众明事理、尽孝道、善作为	山东省菏泽市	2018
驻马店部署农村孝善敬老扶贫活动 助力脱贫攻坚工作深化开展	河南省驻马店市	2018
商丘市全面推进"孝善敬老"工作 助力脱贫攻坚	河南省商丘市	2018
安阳县辛村镇探索"以工代扶＋孝善养老"扶贫新模式	河南省安阳市	2018
固始县深入开展孝善敬老 脱贫攻坚扶志又扶智	河南省信阳市	2018
玉田县刘现庄弘扬孝善文化 助力脱贫攻坚	河北省唐山市	2018
张家口市下花园区"孝善基金"助力扶贫养老	河北省张家口市	2018
定远县池河镇"道德扶贫"推广孝善文化	安徽省滁州市	2018
砀山县孝善文化扶贫"四个强化"助推精准脱贫攻坚	安徽省宿州市	2018
麻城山区"微孝善超市"助力精准扶贫	湖北省黄冈市	2018
同江市拉起河村脱贫攻坚成立孝善基金理事会	黑龙江省佳木斯市	2018

① 全国各地"孝善扶贫"概况梳理，在此按照省—地级市的划分，根据媒体报道"孝善扶贫"的时间先后顺序，各地仅举代表性一例。

"孝善扶贫"实践	地区（省市）	时间（年）
保德县孝善基金打通精准脱贫堵点	山西省忻州市	2018
通江县孝善扶贫 老年人也有"工资性"收入	四川省巴中市	2018
泰和县"孝善扶贫"温暖贫困老人	江西省吉安市	2018
郝家镇召开孝善养老扶贫工作会议	山东省东营市	2019
招远市阜山镇积极开展公益专岗和孝善养老扶贫工作	山东省烟台市	2019
威海经济技术开发区推出孝善养老补助 破解贫困老人养老难题	山东省威海市	2019
承德推进精神扶贫文化扶贫工作弘扬孝善文化	河北省承德市	2019
孝义市后庄村"孝善扶贫"新模式 孝心增值解民忧	山西省吕梁市	2019
神木市孝善养老基金开启扶贫养老新模式	陕西省榆林市	2019
荔波县甲良镇走孝善扶贫养老新路使老有所居	贵州省黔南州	2019
孝昌"孝行日"募集善款打赢脱贫攻坚战	湖北省孝感市	2019
宁远县打造孝善扶贫为贫困户发放孝老爱亲补贴	湖南省永州市	2019
青岛市司法局为孝善养老扶贫提供法律服务保障	山东省青岛市	2020
东平县组织开展孝老善亲扶贫志愿服务活动	山东省泰安市	2020
滨城区弘孝善促脱贫 探索"孝善养老"扶贫模式	山东省滨州市	2020
湖滨区推行孝善养老模式 助推扶贫扶志	河南省三门峡市	2020
孟津县麻屯镇发放扶贫孝心基金 弘扬孝善文明新风	河南省洛阳市	2020
汝州市庙下镇精准扶贫与"孝善文化"结合	河南省平顶山市	2020
南召县云阳镇扶贫让"孝善"生活更美好	河南省南阳市	2020
讷河市乐业村探索"孝善文化＋脱贫攻坚"新模式	黑龙江省齐齐哈尔市	2020
安图县"孝善扶贫"精准破解贫困群众养老难题	吉林省延边州	2020
平谷区利用慈善资源扶贫济困 探索建设村（居）"慈孝堂"	北京市	2020
榆社县探索"孝善养老＋爱心超市"新模式	山西省晋中市	2020

资料来源：收集于互联网。

　　山东、河南等地"孝善扶贫"的力度显著，主要表现在资源优势，政府重视，机制健全，样本成熟。山东系"孔孟之乡，礼仪之邦"，古《二十四孝》中有 10 个孝子源自山东，山东率先倡导"孝善扶贫"，具有独特的孝文化资源优势。2020 年 8 月初，山东省委宣传部、省文明办、省扶贫开发办、省发展改革委、省公安厅、省民政厅、省财政厅等 12 个部门联合制定《关于开展孝善养老扶贫 助力高质量打赢脱贫攻坚战的工作方案》（《山东扶贫攻坚简报》2020 年第 28 期），明确任务分工，细化政策举措，合力推进孝善养老扶贫工作，助力打赢脱贫攻坚战。由此可见，山东的"孝善扶贫"起步早、工作实、有经验，政府重视"孝善扶贫"，"孝善扶贫"机制健全。河南的"孝善扶贫"毫不逊色，其中，驻马店市确山县《孝善文化助力脱贫攻坚》入选中国优秀扶贫案例①，这说明"孝善扶贫"的样本成熟。

由表 1 分析可见："孝善扶贫"经历了初创、跟随、模仿、创新、形成五个阶段后，已发展成为一种日渐成熟的扶贫形式。总体上看，"孝善扶贫"工程已形成特色，在全国初具规模；"孝善扶贫"目的明确，即解决农村贫困老人养老难题、实施精准扶贫；"孝善扶贫"的模式多样，目前全国各地主要推行养老扶贫的"孝善基金"。各地的"孝善扶贫"模式，代表着某个地区在推行"孝善扶贫"中积累了一定的经验，有推广意义的标准和样式，也是考察一个地方开展"孝善扶贫"工作是否有力度、有效果、有特色的重要方面。湖北的"孝善扶贫"模式在推行"孝善基金"之外，另有所创新（见表 2）。

表 2　2016—2020 年湖北"孝善扶贫"实践模式

"孝善扶贫"实践	模式	地点（市县）	时间（年）
武汉道能义工探索公益敬老样本 "幸福食堂"惠及老人	孝老食堂	武汉市	2016
兴山县推行"农村孝心养老基金"	孝善基金	宜昌市兴山县	2017

① 一年一届的中国优秀扶贫案例报告会案例申报评审，旨在持续跟进中国社会扶贫事业的进程，持续总结中国社会扶贫事业的成果，挖掘产业扶贫、扶志与扶智、健康扶贫、社会扶贫、最美人物、东西协作定点扶贫等六类先进典型，宣传有新时代代表性和影响力的中国先进扶贫案例，为社会源源不断地提供优秀扶贫案例参考、为贫困地区持之以恒地坚定脱贫攻坚信心。《确山县把孝善文化植入脱贫攻坚》入选第二届中国优秀扶贫案例，此次扶贫案例申报评审由国务院扶贫办、人民日报社主办，《中国扶贫》杂志社、人民网联合承办，由国务院扶贫办组织专家评审。

"孝善扶贫"实践	模式	地点（市县）	时间（年）
麻城市打造"微孝善超市"	孝善超市	黄冈市麻城市	2017
麻城山区"微孝善超市"助力精准扶贫	孝善超市	黄冈市麻城市	2018
麻城市成立启动巾帼孝善基金	孝善基金	黄冈市麻城市	2018
恩施推广孝长敬亲的"盛家坝模式" 以法律调解赡养老人	孝法援助	恩施州	2018
麻城市探索党建扶贫新路径 成立"微孝善超市"	孝善超市	黄冈市麻城市	2019
孝昌"孝行日"募集善款 打赢脱贫攻坚战	孝善募捐	孝感市孝昌县	2019
通城左港村善缘谷建设孝善文化博物馆	孝善产业	咸宁市通城县	2020

资料来源：收集于互联网。

分析表 2 可见，湖北的"孝善扶贫"模式主要有：孝善基金、孝老食堂、孝善超市、孝善募捐、孝法援助、孝善产业等。2016 年，武汉道能义工探索公益敬老样本"幸福食堂"；2017 年，兴山县推行"农村孝心养老基金"，麻城市打造"微孝善超市"，尽管这些可以被看作"孝善养老"的扶贫模式，但在实践初期没能与"孝善扶贫"相关联。直到 2018 年，麻城明确以"微孝善超市"助力精准扶贫，实质上的湖北"孝善扶贫"才出现，属于后起发力。

三、"孝善扶贫"助力乡村振兴的建议

从全国"孝善扶贫"现状来看，"孝善扶贫"的意义显而易见，解决农村贫困老人的养老难题，或者发展孝文化产业带动脱贫致富，根本上是助力乡村振兴。通过湖北与其他各地"孝善扶贫"的比较可见，"孝善扶贫"落实有力有效的地方，政府组织领导重视，"孝善扶贫"机制健全，"孝善扶贫"样本成熟。为此，在乡村振兴战略下，应发挥"孝善扶贫"的作用，重视"孝善扶贫"引导，完善"孝善扶贫"机制，提炼"孝善扶贫"样本。

（一）重视"孝善扶贫"的组织引导

推进"孝善扶贫"，重视与国家发展战略相衔接的组织引导。①衔接"后脱贫时代"的相对扶贫：2020 年，新时代脱贫攻坚目标任务如期完成。但我们必须认识到："消除绝对贫困，相对贫困会长期存在"①，"全球疫情冲击，最坏情况会新增 4 亿贫困人口"②。面对新挑战，巩固和拓展脱贫攻坚成果，全面推进乡村振兴，需要继续实施"精准扶贫"，解决好相对贫困问题。做好"孝善扶贫"与解决相对贫困有效衔接，是今后乡村振兴考核的一项重要工作。②衔接"积极应对老龄化"的国家战略：据《中国发展报告 2020：中国人口老龄化的发展趋势和政策》预测，到 2022 年左右，中国 65 岁以上人口将占到总人口的 14%，由老龄化社会进入老龄社会。农村老龄化率远远超过城市，而且农村养老制度保障、养老能力弱，是应对社会老龄化问题的难点、痛点和堵点，我们需要发挥"孝善扶贫"作用，补充农村养老短板。③衔接"乡村治理现代化"的新时代文明实践：加快农村现代化，离不开乡村治理现代化。梁漱溟说"中国文化是'孝'的文化"③，黑格尔也说"（中国）国家特性便是客观的'家庭孝敬'"。孝是中华文明的内核与标志，是传统中国的治理之基，对家庭和谐、社会稳定影响至今。家庭仍然在中国农村养老中发挥着主要作用，子女有法律规定的赡养父母责任。扶贫先扶"孝"，将"孝善扶贫"融入新时代文明实践，培育良好家风、淳朴民风、文明乡风，践行社会主义核心价值观，形成崇德向善的公序良俗，探索自治、德治、法治相结合的基层治理现代化模式。

（二）建立"孝善扶贫"的长效机制

实施"孝善扶贫"，谁来扶？扶持谁？怎么扶？需要建立相应的机构、制度、方案等"孝善扶贫"体系，形成系列长效机制。①组织机制：联合

---

① 澎湃新闻.刘永福.历史性消除绝对贫困，不是终点 [EB/OL].（2019-09-27）[2021-06-19].
https://www.sohu.com/a/343841016_260616.
② 与世界对话.陈少华.全球疫情冲击，最坏情况会新增 4 亿贫困人口 [EB/OL].（2020-12-23）
[2021-06-19].https://news.ifeng.com/c/82RQoLN2BMS.
③ 梁漱溟.中国文化要义 [M].上海：学林出版社，1987：307.

宣传部、卫健委、发展改革委、乡村振兴局、司法、民政、财政等相关部门成立领导组，协调各部门联动，齐抓共管"孝善扶贫"工作。成立基层"孝善扶贫理事会"（可挂靠新时代文明实践中心），负责制定《孝善扶贫工作方案》，组织开展"孝善扶贫"工作。②运行机制：总的原则是"政策引领，基层主导，子女主体，社会参与"。设立"孝善扶贫基金"，基金主要来源于子女缴纳、财政补贴、社会募捐；开展"孝善扶贫"对象普查，为60岁以上贫困老人建档立卡；做好"孝善扶贫基金"宣传，通过协议赡养、资金奖补的办法推进"孝善养老"扶贫，子女缴纳一部分，"孝善扶贫基金"按比例给予配套补贴；动员子女签订"孝善养老协议"，根据家庭情况缴纳一定赡养金，定期按规定补贴给贫困老人。③保障机制：重在为贫困老人老有所养、脱贫脱困注入持久动力。奖励积极缴纳赡养金的子女，缴纳赡养金越多，奖励配套补贴越多，激励子女主动承担养老责任，同时弘扬孝善文化；评选"孝善文明户"，张榜公示积极履行赡养义务的子女，起到榜样带动与互助作用；监督子女不履行"孝善养老协议"、不尽赡养责任的行为，督查"孝善扶贫基金"发放中存在的"漏洞"，予以道德谴责，或追究法律责任；把"孝善扶贫"纳入干部考核、基层治理考核和乡村振兴考核中。

（三）提炼"孝善扶贫"的经验样本

在扶贫工作中，我国出现了各种各样的扶贫模式创新，例如党建扶贫、金融扶贫、移民扶贫、电商扶贫、产业扶贫、消费扶贫、教育扶贫……"孝善扶贫"是其中的一种，在此模式下又有许多不同的样本。作为农村公共文化供给因子的孝文化，是培育良好家风、淳朴民风、文明乡风的切入点。总结"孝善扶贫"的样本经验，旨在形成乡村振兴的基层治理理论，为提升乡村脱贫治理水平提供指导。例如，目前各地普遍施行的"孝善扶贫基金"；山东单县的"养老周转房"，产权归村集体，符合条件的农村贫困老年人在此安居生活，循环使用。

节庆敬老"孝消费"现状及其市场开发对策

孝消费是以感恩、孝敬为文化特色的消费现象。中国自古以来是礼仪之邦，逢年过节，送一份孝心礼品，传递一份感恩孝情，由此形成的"孝礼"便成为一种文化传统在节庆习俗中代代相承。本文的调查对象为春节敬老礼品的消费市场状况，但不局限于春节，其研究结论对其他重大传统节日，如端午节、中秋节、重阳节等节庆"孝消费"市场开发也具有借鉴意义。

一、调查方法与样本特征

本研究采用的是网络问卷调查的方法，调查数据的采集主要是通过在线问卷调查完成的。本次调查对象来自广东、湖北、北京、浙江、陕西、上海、四川、天津、湖南、河北、辽宁、山东、广西、福建、安徽、黑龙江、香港、贵州、山西、河南、江苏、江西、海南、澳门、云南、重庆（按参与人数从多到少顺序排列）等全国近30个省（直辖市）和地区，调查样本地域分布情况如下（见图1）。

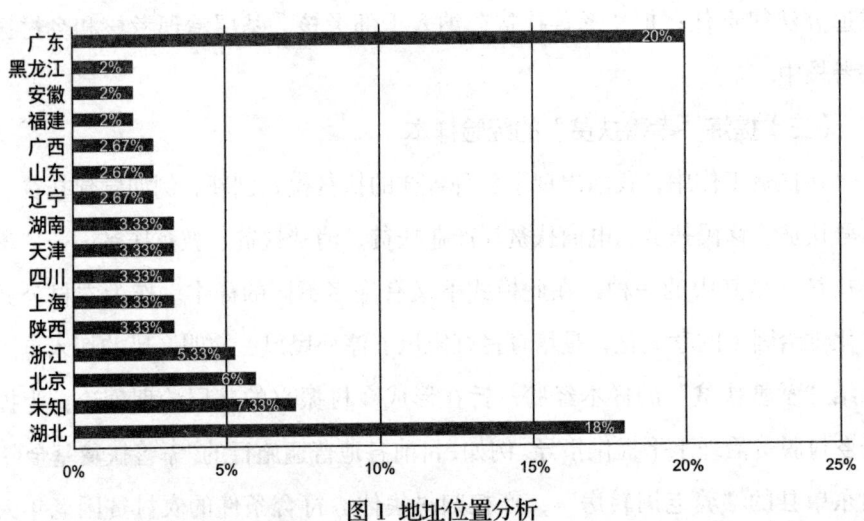

图1 地址位置分析

本次调查对象覆盖全国约80%的区域，除广东、湖北两地参与人数相对较多外，其他地方参与人数基本均衡。因此，本次调查样本采集的数据，对于研究春节敬老礼品的消费需求与市场反应，从中分析节庆敬老"孝消费"现状，前瞻节庆敬老"孝消费"的市场趋势与转向，比较具有代表性和说服力。

二、节庆敬老"孝消费"现状

为考察节庆敬老"孝消费"的现状及其市场状况，本研究的调查问卷主要设置了"春节是否给父母送礼""给父母送礼的主要动因""给父母送礼的主要意愿""给父母送礼的主要原则""给父母送礼的购物要求""给父母送礼的主要类型"等系列问题。通过统计、分析网络问卷的采集数据，梳理出节庆敬老"孝消费"的现状如下。

（一）"孝消费"凸显特色商机

从"春节是否给父母送礼"来看：74%的人选择"送"，只有26%的人选择"不送"。这表明，多数人在重大节庆中都会给父母送礼。少数人选择不送礼，也不是真的不送，只不过以"常回家看看""陪父母逛逛"等情感慰藉形式替代，针对这一现象，老龄产业中出现的"孝文化旅游"、代理陪护尽孝服务已初现商机。

从"春节给父母送礼的主要动因"来看：84.67%的人选择"表达一份孝心"，33.33%的人选择"传统节日习俗的要求"，9.33%的人选择"跟着别人学"，其他原因占2%。这表明，"表达一份孝心"是节庆给父母送礼的普遍动因，其次是受到传统文化的影响。就此来看，作为一种传统习俗和礼仪，节庆为父母购买孝心礼物的"孝消费"传统，成为大众消费的主流倾向，孝文化特色产业凸显无限商机。

（二）"孝消费"偏重于文化需求

从"春节给父母送礼的主要意愿"来看：13.33%的人以物质上的满足为主，20.67%的人认为以精神上的满足为主，66%的人认为"精神与物质上的满足兼顾"。这表明，节庆敬老"孝消费"偏重于精神上的满足，同时兼顾物质上的需求。

给父母送礼是表达爱的方式和加深亲情的手段。一般而言，对于子女的礼品，父母并不在乎其价值的高低，而在乎其中体现的一片拳拳孝心。因此，赋予节庆敬老礼物更多的孝文化内涵，将孝情寄托与物质功用相结合是节庆敬老礼物的最佳选择。

（三）"孝消费"以实用原则为主

从"给父母送礼的购物要求"来看：50%的人选择"父母喜欢"，26.67%的人选择"实用至上"，19.33%的人选择"品牌质量"，2.67%的人选择"价格适合"，其他占1.33%。这表明，人们在购买节庆敬老礼物时，以父母喜欢为基础，更重实用，这跟自家人"重实在轻面子"和父母辈年老人的生活节俭有一定的关系。

此外，从"春节给父母送礼的主要原则"来看：51.33%的人选择"送实用"，23.33%的人选择"送亲情"，22%的人选择"送健康"，2.67%的人选择"送兴趣"，0.67%的人选择"送纪念"。这表明，多数人给父母节庆送礼的原则看重实用价值。由此可见，节庆敬老"孝消费"在考虑文化需求的情感表达时，不可忽视礼物本身的实用价值。建议生产商在设计敬老礼品时，重视文化品味和实用价值的"虚实结合"。

（四）健康型"孝消费"成为新常态

从"春节给父母送礼的主要类型"来看：26.67%的人选择"养生保健类"，21.33%的人选择"服装家纺类"，10.67%的人选择"酒茶副食类"，10.67%的人选择"现金红包类"，8%的人选择"家居用品类"，6%的人选择"电话问候类"，5.33%的人选择"粮油物资类"，4.67%的人选择"数码电器类"，1.33%的人选择"金银首饰类"，0.67%的人选择"医疗器材类"，其他占4.66%。

从中可见，排行前两位的是养生保健类、服装家纺类礼品，酒茶副食类礼品和现金红包类并列第三。这表明，多数人选择养生保健类礼品作为节庆敬老礼物。"随着社会发展，老年人正抛弃'舍不得花'的传统观念，花钱买健康的观念正在生根发芽"[1]，给父母送健康成为"孝消费"的新理念、

---

① 王清凯.老年人消费市场略显空白 创意礼品成亮点[N].半岛都市报，2013-10-11.

新潮流和新常态。

三、节庆敬老"孝消费"的市场开发对策

从上述节庆敬老"孝消费"的现状可见,"孝消费"凸显特色商机,偏重于文化需求,以实用原则为主,健康型"孝消费"成为新常态。前瞻节庆敬老礼品市场,可以根据这些现状作出市场对接的相应谋划与决策。

(一)互联网+"孝消费"市场有待开拓

从"给父母送礼的购物方式"来看:64.67%的人选择"实体店购买",26.67%的人选择"网店购买",8.66%的人选择"自备"礼品。这表明,多数人选择在实体店购买节庆敬老礼品,实体店购物优势明显,网络购物悄然兴起。

但同时也应注意到,"为了推动互联网由消费领域向生产领域拓展,加速提升产业发展水平,增强各行业创新能力,构筑经济社会发展新优势和新动能,国务院印发了《关于积极推进'互联网+'行动的指导意见》"[①]。围绕这一新动向和新趋势,应充分发挥我国互联网的规模优势和应用优势,大力拓展互联网与孝文化产业的深度融合。随着物联网、务(商务)联网等互联网技术和电子商务的发展,在未来互联网+文化产业的发展中,"孝消费"市场潜藏的后劲十足,值得去研究和开拓。

(二)大众青睐伍零零款"孝消费"

从"给父母送礼的消费预算"来看:46.67%的人选择"500元以内",38.67%的人选择"500—1000元之间",14.66%的人选择"1000元以上"。这表明,多数人把节庆敬老消费力定位在500元(人民币)左右,这样的定位我们可称之为伍零零款的大众"孝消费"。商家也可以将这样的价格定位作为节庆敬老礼品的营销策略基点。

(三)"孝消费"催生敬老礼品专销点

从"身边是否有销售敬老礼品的专柜或专门店"来看:80.67%的人回

---

① 陆航."互联网+"蕴含无穷创意和财富[N].中国社会科学报,2015-7-10.

应"没有"，只有 19.33% 的人确认"有"。这表明，在目前的礼品市场上，敬老礼品专柜或专门店并不多见。

再从"对设置销售敬老礼品专柜或专门店的态度"来看：48.67% 的人支持，认为"购买敬老礼品很方便"；33.33% 的人持中立观点，认为"可有可无"；仅有 18% 的人反对，认为"随处可买敬老礼品没必要"。这表明，多数人赞成专门为敬老礼品设置销售专柜或专门店。

由此可见，"孝消费"催生敬老礼品专销点的布局，这不仅为大众购买敬老礼品提供了便利，而且也为开辟节庆敬老礼品市场提供了一种可操作的路径。从销售角度而言，商家也应加强增设节庆敬老礼品专销点的意识，以满足不断扩大的市场需求。

（四）"孝消费"亟待细分敬老礼品市场

从"对市场上专为老人设计的敬老礼品满意度"来看：43.33% 的人感到不满意，认为很难买到合适的礼品；34.67% 的人持中立态度，认为没有讲究；22% 的人感到满意，认为"能买到合适的礼品"。这表明，当前市场出现的专为老人设计的敬老礼品，多数不能满足节庆敬老"孝消费"的需求。

此外，从"对市场上敬老礼品亟待改进的方面"来看：50% 的人认为"品质上需要分档"，26.67% 的人认为"款式上需要更新"，10.67% 的人认为"价位上需要拉开"，4% 的人认为"包装上需要美化"，其他方面的要求占 8.66%。这表明，敬老礼品在多个方面需要改进，其中"品质分档"摆在首位，对敬老礼品的款式更新、价格拉开、包装美化等关注依次紧随其后。

就此，我们发现，节庆"孝消费"亟待细分敬老礼品市场，既要设计高中低档不同品质的敬老礼品，在价格上满足不同购买力需求的消费者；同时又要在款式多样化、包装孝文化上下功夫，让科技创新、艺术创意的敬老礼品成为"孝消费"的市场亮点。

目前，"我国专门生产老年用品的厂家很少，根据老人新的需求研发创新、升级换代的产品不多，生产商不愿意针对老龄消费群体专门设计产品，主要是认为老年人的购买力、接受新事物的能力不高；随着科技进步、老百姓生活水平的不断提高，老年人产品应尽快实现市场细分和供应差异化"①。如多开发一些适合老年人使用的科技产品，并让子女的"孝消费"升级，帮助老年人跟上时代步伐。

---

① 王君宝，陈弘毅. 难寻的老年用品 [J]. 半月谈，2015（1）：64.

孝文化建设的成就、任务与走势

孝文化在我国历史的长河中经历了坎坷的发展，在不同的历史时期遭遇了不同的发展命运。总体上看，孝文化的命运经历了一个螺旋式上升和波浪式前进的发展过程。在当今，关注孝文化的命运和历史意义，就要关注孝文化的自身建设与发展问题。

一、孝文化建设的主要成就

孝文化是中国传统文化的基础和核心。传统孝文化的现代命运，曾被视为封建礼教的一部分，遭到了激烈的批判，其根基开始动摇。20世纪80年代以来，传统文化的命运发生了改变，学术界和社会上涌现了数波传统文化热，传统孝文化再度引起了学术界和社会的关注。在此影响下，孝文化建设取得了一些可喜的成就，主要表现在孝文化研究、孝文化教育、孝文化创作等各个领域。

（一）孝文化研究成果

随着思想的解放，学界开始本着客观理性的态度，纷纷从史学、伦理学和社会学的视角对孝文化进行了一系列研究。从孝文化的研究成果来看，主要分为三类：孝文化的理论性研究成果、孝文化的实践性研究成果、孝文化的发展性研究成果。

1.孝文化的理论性研究

一直以来，关于传统孝道的研究和争论很多。"五四"时期，鲁迅、吴虞等人就开始了对孝道的批判，认为传统孝道维护封建统治，愚昧人民，主张予以抛弃。其后，现代新儒家以梁漱溟、冯友兰、谢幼伟等人为代表，又对传统孝道予以肯定，肯定孝在道德生活中的核心地位，如梁漱溟先生所言："说中国文化是'孝'的文化，自是没错。"自此，关于孝的理论性研究日渐增多，多数学者认为，对待传统孝道应坚持批判继承的态度。

大部分学者认为"孝"起源于原始社会先民的生殖崇拜和祖先崇拜。

由生产力低下导致的对劳动力的需求造就了生殖崇拜，而农业劳动对经验和技能的需要造成了先民对长者的尊敬。崇拜和尊敬进一步繁衍发展成为孝的观念。

关于孝观念起源的时间，众说纷纭，观点各异。康学伟先生在《先秦孝道研究》一书中提出孝观念是父系氏族公社时代的产物；杨荣国先生的《中国古代思想史》和李裕民教授的《殷周金文中的"孝"和孔丘孝道的反动本质》认为孝道产生于殷代；何平的《孝道的起源与孝行的最早提出》一文认为孝这一德目是周人首先提出的。

肖群忠先生在《孝与中国文化》中驳斥了前三种观点，并指出孝观念正式形成于周初。综观各种孝的研究论著，关于孝的起源问题虽然争论颇多，但考察上述诸种研究成果，有一点可以肯定，即早在周代孝已经大兴于社会之中。

关于孝的形成和演变，周彦新的《试论中国传统孝道思想的演变》认为，在中国传统文化中，孝是一个很重要的内容。从孝的形成发展来进行分析，原始人尊老养老的观念对孝文化的形成与发展具有不可忽视的作用。周代孝观念基本形成，经过先秦诸子的丰富与发展，汉代"以孝治天下"使孝具有了政治意义。唐代以后对孝的异化，使孝演变成为维护封建统治的工具。

谭绍兵的《传统孝道的源流与分析》认为，对传统孝道的源流、发展、变化脉络进行历史性的梳理与分析，对于我们去其糟粕，取其精华，掌握其民族性精华，为现代家庭、文化，甚至政治、经济建设做出贡献，都有一定的现实价值。

关于孝的形成和演变的研究著作也较多。如徐复观在《中国思想史论集》中具体论述了孔子将孝这一外在德行转化为人内心的天性之爱，并梳理了孟子对孝道的传承。

康学伟在《先秦孝道研究》中也论述了孔子对西周传统孝道的继承和发展。张践的《儒家孝道观的形成和演变》阐述了"孝"从宗教伦理演变成人生哲学，进而发展成为国家政治哲学的过程。

近年来，阐述儒家孝道思想的著作不断增多，这些著作多注重于孝道内容的考证和叙述，更加关注孔子对孝的新的诠释及战国时期孟子、曾子的孝道理论。

另外，有部分研究将目光放在了传统孝道存在原因的分析上，如朱岚的《论传统孝道的文化生态根源》认为，孝是农业文明的道德结晶，是血缘宗法的直接产物，是祖先崇拜的观念反映。吴锋的《论孝传统的形成和现代际遇》论述了孝传统的形成原因是教育普及、理论研究、文化融通和统治者行政的维护。张刚的《对中国传统孝道长期延续的几点思考》认为，中国传统孝道源远流长，并且在之后的历史发展中不断地被继承和发展，直至成为中国传统文化最富有特色的方面。

综合来看，在对孝进行批判与继承的视野下，许多孝文化的理论性研究主要集中于探讨孝的产生、形成、演变和存在的原因。

2.孝文化的实践性研究

随着老龄社会的到来，以及社会转型期中出现的孝德缺失，很多研究面对人口老龄化问题和诸种不孝现象，评论了孝文化的作用、影响、社会价值和意义，并提出了孝文化服务现实的方法与途径，希望促使人们重新确立孝观念以解决社会现实问题。

肖群忠在《传统孝道与当代养老模式》中认为，养老敬老或养亲敬亲是传统孝道的基本合理内核。家庭养老方式是由农业社会的客观现实所决定的，也是出于人子的孝亲敬亲的情感需要，孝无论对古代或现代来说，都是解决养老问题的重要精神保障。敬老尊老是中国古代的社会风尚和价值观念，它受到古代社会物质、制度、文化的全面支持和倡导，有其存在的人道、人际和文化的合理性，但也存在尊老抑少的片面性与老少间的不平等性，从而具有社会机制上的保守性。建立新型代际关系仍要坚持平等的原则，努力"建立不分年龄人人共享的社会"，为此，一方面要尊重、理解、关心、帮助老年人，另一方面还应倡导老人当自强的价值观念。

吴成国的《孝道应当成为中国养老的道德保障》认为，孝道是在中华民族的历史长河中发展形成的,是中国社会家族中子女对待父母的行为道德的文化现象。单纯的社会福利制度可能很难解决中国的养老问题,还必须培养孝道加以辅佐;孝道在解决养老问题时还有文化根基和效益优势,要建设中国特色的社会福利制度,所以更值得提倡孝道,让孝道成为重要的道德保障。

肖波的《赋予孝德教育新的时代意义》认为,当前我国正处于一个重要的社会转型期,一些传统的道德准则被打破,而新的道德准则还没有完全确立,青少年孝德现状不容乐观。在此情况下,对中华文化的传统孝道加以扬弃,发掘传统孝文化的时代内涵,赋予其新的时代意义,使之融入学校德育工作中,对于青少年培养健全人格、实现人生理想,具有十分重要的意义。

陈朝晖的《动漫孝文化:青少年德育中的"诺亚方舟"》认为,孝德教育是青少年思想道德教育的重中之重。在青少年思想道德教育中,由于孝德教育不力造成的孝德缺失,不仅让一些父母体会不到儿女的温暖,甚至感到痛心乃至绝望。如何有效地对青少年进行孝德教育,避免悲剧的发生,是当今社会广泛关心、关注的焦点话题。动漫孝文化是一种备受青少年喜爱的孝德教育的新载体,对广大青少年吸引力大,感召力强,影响力深,它必将成为承载青少年德育之重的"诺亚方舟"。

丁成际的《论传统孝道的当代建构》认为,在当代社会中,传统孝道已难以维系,同时却出现了长幼颠倒、小依长、养儿防不了老等,与父母缺乏自省自律有关,如何构建当代的"新孝道"显得日益重要。构建当代的"新孝道"主要应在体现义务性、注重感情性、强调自律性、提倡互益性四个原则性基础上,批判地继承传统道德观,并营造家庭内部良好的伦理道德氛围,实现代际和谐,从而为构建和谐社会奠定基石。

卢智增的《论传统孝道及其现代意义》认为,孝是中华民族的传统美德,是诸德之首。中国传统孝道是中国传统道德的核心,它既有民主性的精华,又有封建性的糟粕。在新的历史时期,面对老龄化社会的挑战,我们要批判继承传统孝道，并赋予其新的诠释构建现代孝道新理念，建设社会主义和谐社会。

何尚文的《重视传统孝道的现代价值 构建和谐的家庭伦理关系》认为，孝是中华民族的传统美德。在创建社会主义和谐社会的今天，应该善于吸收传统孝道中的合理因素，赋予符合时代要求的新意，构建和谐的家庭伦理关系。

总的来看，孝文化的实践性研究主要体现在服务养老、青少年孝德教育、构建和谐社会和和谐家庭等问题上。这些研究为我们解决现实生活中存在的焦虑与困惑提供了一种解决路径和策略。

3. 孝文化的发展性研究

随着现代化建设的步伐日益加快，学者们开始将孝文化研究的视角转向与现代化的结合上，产生了一批孝文化的发展性研究成果。

肖波的《以科学发展观焕发孝文化新的生机》认为，中国传统文化尤其是孝文化历经数千年的历史积淀，为中国传统知识分子和普通百姓提供了一套安身立命的价值理念和道德规范，铸造了中国文化的基本精神，因此具有一定的历史合理性。而今，我们遵循科学发展观，以一种自觉的批判意识来对待孝文化，扬其精华，去其糟粕，实现其转型为社会主义孝文化，成为中华民族共有精神家园的重要一域，是一项极为重要的文化建设工程。

吴锋、赵利屏的《论传统孝道的价值和现代转换》认为，20世纪以来对传统孝道的态度及评价导致对孝道传统继承的丧失，通过客观地评价孝道德行和分析被扭曲的孝的历史，正确地认识了传统孝道的存在价值，从而提出了传统孝道在现实社会实现的可能性途径。

史蓉晖的《传统孝道的二重性及现代转化》认为，传统孝道中"移孝作忠""祭祀祖先""身体发肤，受之父母，不敢有损"等具有二重性。应汲取精华，剔除糟粕，以使传统孝道中的积极因素在现代转化中得以更好的发展。

姚昌义、朱岚的《传统孝道的现代价值》以批判、继承和发展的观点，分析了中国古代孝道的普遍价值和对中国社会的特殊意义，揭示了构造现代新孝道的意义和作用。

陈秀鸿的《传统孝道之现代转换》认为，传统孝道具有二重性。在社会主义市场经济条件下，批判继承传统孝道，倡导孝敬父母，对调节代际关系、实现家庭和睦、构建和谐社会有着重大的现实意义。我们必须推陈出新，实现现代转换，建设新型家庭美德。

谷树新的《传统孝道的现代化》认为，重视孝亲是中国人的传统，但是目前养亲却成为普遍性的社会问题。"五四"以来对孝道的批判为孝道的现代化提供了理论依据，传统孝道的丰富内涵为孝道的现代化提供了可能性，现实社会中的"老而无养"和道德滑坡是孝道现代化的必要性。建立新的孝道文化，有必要使孝回归家庭，在尊敬的基础上把家庭供养与社会养老、物质供养与精神赡养结合起来。

刘怡然的《中国传统孝道及其现代伦理重构》认为，中国传统孝道作为中国传统民族伦理的核心，包含养亲、敬亲、尊亲、谏亲、祭亲、继亲六个方面的内容；并在其漫长的发展过程中泛化为三个层次：家庭伦理、社会伦理、政治伦理。社会的转型必然带来传统"孝"伦理的重构，我们需要把其放在现代社会背景下重新加以审视和诠释，给出恰当的伦理定位并赋予其时代内涵，实现创造性的转换与发展。

综上所述，学者们对传统孝文化的起源、形成、演变、作用、影响、社会价值和意义、存在原因和现代化进行了研究，形成了比较丰富的研究成果，对于我们继承和发扬传统孝文化提供了一定的理论指导。孝文化研究成果浩如烟海，以上所列只是其中的一些案例。

（二）养老社会化成果

"银发浪潮"提前来袭，"老有所依，老有所养"的传统养老文化正经受着前所未有的考验。养老社会化在我国孝文化建设和发展中的角色作用日益突出。从养老社会化成果来看，主要包括养老的法律保障、养老的组织保障、养老的服务保障。

1.法律保障

新形势下，中国的养老从家庭化走向社会化的一个重要表现是养老从传统的道德化走向体系的法制化，从法律上赋予、尊重和保障了老人的养老权，避免了"养老真空"。

一般来说，养老权是公民在年老时要求家庭和子女提供赡养与扶助，以及要求国家和社会提供基本养老社会保障的权利。从权利的属性而言，养老权是一项法定的权利。国际社会早已通过国际公约的形式确定了包括养老权在内的社会保障权。在我国，国家早就制定出台了一系列法律、法规，将养老权这种"应有权利"转化为了"法定权利"，从法律制度上确保了老年人的合法权益得到保障。

值得一提的是，养老的法律保障已从单一的物质供给走向物质精神兼顾的赡养。精神养老，即在家庭生活中，赡养人在为被赡养人提供物质生活条件的同时，关注老年人的精神和心理需求，使其在情感上得到慰藉。据统计，即使物质生活能够依靠退休金、最低生活保障和子女赡养的方式得到解决，老人们也不同程度地存在着因空巢带来的孤独感。因此，新修订的《中华人民共和国老年人权益保障法》在"精神慰藉"一章中规定，"家庭成员不得在精神上忽视、孤立老年人"，特别强调"与老年人分开居住的赡养人，要经常看望或者问候老人"。将伦理道德入法，更多体现了法律的指引、教育作用。

2.组织保障

在我国，为了使社会养老的具体工作落到实处，国家及各级党委、政府都建立了老龄委、老干部局、老年大学、老年活动中心、老年公寓、福利院、养老院等部门和机构，加强了养老的组织保障。

我国养老机构的建设不断成熟。养老机构是指为老年人提供饮食起居、清洁卫生、生活护理、健康管理和文体娱乐活动等综合性服务的机构。它可以是独立的法人机构，也可以是附属于医疗机构、企事业单位、社会团体或组织、综合性社会福利机构的一个部门或者分支机构。近年来，各地按照投资主体多元化的要求，打破政府直办、直管、直属的传统做法，积极引导和鼓励社会力量兴办老年公寓、福利院、敬老院等养老机构。目前，我国社会力量兴办的养老机构快速增加，有些地区民办养老机构的数量已超过政府办养老机构，成为我国养老服务体系的重要力量。

尽管如此，我国社会养老服务体系建设总量仍然不足。目前我国养老床位总数远低于发达国家5%—7%的比例。保障面相对较小，服务项目偏少。此外，由于缺乏科学的规划指导，区域之间、城乡之间发展不平衡，布局不合理，既存在"一床难求"，也存在"床位闲置"现象。面对不足，今后一个时期，公办养老机构建设的重点是以收养"三无"、"五保"、低收入和失能老年人为主的供养型和护养型养老机构，要进一步加强供养型和护养型养老机构建设。此外，我国养老机构正在着力打造示范性养老机构，深化公办养老机构改革，加快养老机构基础设施建设步伐，为社会养老服务提供载体。

3. 服务保障

我国的养老服务保障主要体现在生活习俗、工作研究、经费保障、政策支持和社区养老等方面。

在生活习俗上，国家把每年的农历九月九日确定为"敬老日"，使中华民族的孝文化渗透到百姓的日常生活中，从而在全社会进一步弘扬尊老、爱老、助老的良好风尚。

在工作研究上，国家建立了中国老龄科学研究中心、中国老年学学会、中国老年大学协会等机构，专门从事国家应对人口老龄化问题的研究。

在经费保障上，国家设立了中国老龄事业发展基金会，国家及各级地方政府每年用于老年事业的投入逐年增加。

在政策支持上，我国颁布了《中华人民共和国劳动保险条例》后，城镇建立了职工劳动保险制度并覆盖城镇机关和企业事业单位职工及供养直系亲属；同时，农村建立了面向乡村孤老残幼的"五保"制度和面向农民的农村合作医疗制度。国家制定了《关于建立统一的企业职工基本养老保险制度的决定》，开始在全国建立统一的城镇企业职工基本养老保险制度。根据党的十七大和十七届三中全会精神，国务院决定，从 2009 年起开展新型农村社会养老保险试点。

在养老服务上，社区养老成为我国城市养老服务保障的新选择。社区养老服务往往根据被照顾老年人的年龄、身体、心理等状况，划分为"由社区照顾"和"社区内照顾"两种模式。"由社区照顾"所采用的是非机构、非住宿、非隔离式的照顾方式，是老年人在家接受政府、社会、家人等社区内正规与非正规资源所组成的综合性照顾，其服务对象是有一定自我生活照顾能力的老年人；"社区内照顾"则指机构形式的照顾，接受照顾的老年人需要依赖社区内的专业机构或专业人员维持日常生活，它的服务对象主要是生活难以自理的老年人。

二、孝文化建设的重点任务

孝文化建设，既需要批判地继承，又需要在此基础上的社会倡导和法律保障，最终真正让天下的老人受益。因此，孝文化建设的重点任务主要是孝文化建设的思路创新，孝文化建设的法律推动，敬老、惠老、助老工程的建设。

（一）孝文化建设的思路创新

创新是一个民族进步的灵魂，也是先进文化发展的不竭动力。孝文化的建设与发展同样需要创新。首先是思路的创新，即要把孝文化建设与时代精神有机地结合起来，在古为今用、推陈出新上大有作为，使几千年的孝文化获得新生命，充满新活力。

1. 树立新的孝道理念

传统文化是历史产物，受到社会历史的制约，其精华与糟粕并存，只有取其精华，剔其糟粕，文化这条河才能源远流长。孝文化建设必须创新，树立新的孝道理念，与时代相适应，跟上时代前进的步伐。

党的十六届三中全会提出："坚持以人为本，树立全面、协调、可持续的发展观。"孝文化的精华与核心就是以人为本，传承、弘扬孝文化必须坚持以科学发展观为指导，赋予孝道新的内涵。孝道讲究对生命及生命本源的尊重，其最初含意是"敬养父母"，也就是说对父母不仅要赡养，还要尊敬，只有对父母在物质上、精神上尽孝心，这才是真正的孝，尽孝心是为了报答父母养育之恩。但孝的理念不是静止的，在敬爱父母的前提下，还要爱兄长，还要从家庭血缘关系推及到他人、整个社会，形成"博爱"与"广敬"。孟子提出："老吾老以及人之老，幼吾幼以及人之幼"，不仅关爱父母、家人，还关爱他人。孝文化的孝，以人为本，并非视人高高在上，以人为本还表现在敬畏天地，视天地万物为同胞，达到人与自然的和谐。以科学发展观审视孝文化中的以人为本，从孝敬父母、爱兄弟到爱他人，尊重生命，敬重自然和其他生命，体现的是感恩、博爱、责任、和谐等，有利于人和自然的全面、协调、可持续发展。

2. 构建可行的孝德行为规范

所谓规范，就是规则和标准。孝德行为规范，即指孝德行为的规则和标准。传统孝德行为规范、标准缺失，随着时代的变化，很多内容已不合时宜，需要重新调整，构建可行的孝德行为规范。

孝德行为规范的调整，包括家规、族规、道德规范、文化规范、民风民俗规范等。当今调整孝德行为规范主要应涵盖以下几个方面的内容。首先，是调整亲子关系、代际关系的规范，包括父慈子孝、尊老爱幼等；其次，是调整家庭其他成员关系的规范，包括兄弟和睦、夫妻恩爱等；再次，是把孝的基本精神、行为方式与习惯推广到处理邻里、同事和社会人际关系，树立良好的社会风俗风尚上，包括和睦邻里、团结同事、扶危济困、文明健康等；最后，是把孝的精神贯彻到热爱人民、服务国家上，包括勤奋学习、努力工作，克己奉献、为国分忧等，以事业有成、无负先祖来回报前人。在生活中如何行孝，具体体现在以下几个方面。第一，保全身体，珍惜生命；第二，赡养父母，满足其物质需求；第三，尊敬父母，满足父母的精神需求；第四，关心父母的身体健康，有病及时治疗；第五，承志立身，成家立业；第六，净谏劝止，从义不从父；第七，文明安葬，不忘父母，追思祖德；第八，尽职尽忠，清正廉洁，为国立功。

3.建立有效的孝德教育机制

孝文化建设中，发挥孝德教育的作用与影响，必须建立有效的孝德教育机制。

教育机制是教育现象各部分之间的相互关系及其运行方式，包括教育的层次机制、教育的管理机制和教育的功能机制三种基本类型。建立有效的孝德教育机制应当从这三个方面入手。

首先，建立孝德教育的层次机制，包括宏观孝德教育机制、中观孝德教育机制和微观孝德教育机制。宏观孝德教育机制抓孝德教育的指导思想，中观孝德教育机制抓孝德教育的主要目标，微观孝德教育机制抓孝德教育的内容和策略。孝德教育的层次机制，还可以根据教育对象的层次和类别来划分，比如按学生的不同学习层次划分为小学、中学、大学孝德教育。此外，建立有效的孝德教育机制，也需要将长期的孝德教育与短期的孝德教育结合起来。其次，建立孝德教育的管理机制，包括孝德教育的指导、实施和监督机制，主要抓孝德教育的培训、计划、反馈、评估、整改等。以孝德教育的计划来说，涉及孝德教育内容、形式和步骤等。最后，建立孝德教育的功能机制，包括孝德教育的激励机制、孝德教育的保障机制和孝德教育的制约机制。孝德教育既要有奖励"优孝"的激励，又要有惩罚"不孝"的制约，还要有孝德教育的组织保障、人员保障、管理保障、平台保障和经费保障等。

（二）孝文化建设的法律推动

《中华人民共和国宪法》《中华人民共和国老年人权益保障法》《中华人民共和国劳动法》《中华人民共和国农村五保供养条例》等相关法律法规，充分肯定了以老年人合法权益为核心的老年人法律地位。孝文化建设中，充分保障老年人的合法权益和法律地位，离不开法律推动。

1.加强老年人立法工作

《中华人民共和国老年人权益保障法》（以下简称《老年法》）是专

门体现和保障老年人合法权益和法律地位的一部法律。根据《老年法》的规定，老年人享有九项合法权益（利）：政治权利、人身自由权利、社会经济权利、受赡养权利、财产所有权、婚姻自由权、居住权（住房）、继承权、文化教育权。此立法为保障老年人的合法权益和法律地位做出了重要贡献。

回顾《老年法》颁布以来的执法与司法实践，这些法律法规所规定的原则、目标、措施，以及各项政治权益、人身权益、经济权益和社会权益等各方面都是正确的，也取得了有目共睹的成就。但同时，随着经济和社会发展，各阶层干部、职工、居民和家庭成员的思想观念也随之发生某些变化，出现了值得研究和解决的一些新问题。为了更好地维护老年人的合法权益，完善和巩固老年人的法律地位，有必要与时俱进地加强老年人立法工作，对有关老年人的法律法规进行重新审议，修改和补充某些条文。加强老年人立法工作，还可根据"老有所养、老有所医、老有所教、老有所学、老有所乐、老有所为"的目标，在《老年法》的基础上酝酿设立《中国老年人法》等系列法律法规。此外，各地也应结合本地区实际情况，加强本地老年人权益保障法律法规的立法，它是《老年法》规定的有关原则和措施的具体化。

2. 以法律推动孝道发展

古人云"百行孝为先"。随着社会的变革，孝道的发展经历了艰难而曲折的历程。孝道的发展仅靠道德的约束略显力量不足，在倡导以德治国和依法治国并行的今天，孝文化建设迫切需要以法律推动孝道的发展。

目前，中国许多家庭都是"421"结构——四位老人、一对父母、一个孩子，对孩子的宠爱骄纵成风，致使许多孩子长大后自私自利，缺乏责任心。在这样的环境下，既需要进行孝德教育，又需要通过法律规范来推动孝道发展。比如，我国已实施的《行政机关公务员处分条例》，其中有一项内容非常引人关注。如果行政机关公务员不尽孝道，拒不承担赡养等义务，或虐待、遗弃家庭成员，将受到警告、记过、记大过、降级、撤职等处分，情节严重的将被开除。《行政机关公务员处分条例》规范公务员个人"孝道"，说明孝文化在社会主义和谐社会建设中的重要作用已经获得一定的法律地位，其意义十分深远。

3. 普孝与普法并举

孝道首先是人们的一种道德观念和道德实践，必须以道德教化的形式努力推动。但与此同时，在当前的法治社会背景下，法律在调节社会生活中发挥着越来越广泛、重要的作用，借助法律的力量推动社会主义孝文化建设，也应是我们采取的措施之一。因此，孝文化建设重在"普孝"与"普法"并举。

从我们的邻国韩国的实践来看，其在弘扬孝道方面之所以取得成功，一个基本经验就是坚持德法并举。韩国颁布《孝行资助奖励法》，开了现代社会的一个先例，并收到了积极的效果，这是值得我们借鉴的，我们也应积极探索我国孝道立法的相关事宜。但法律不是万能的，以我国《老年法》的修订为例，其亮点在于修正草案中增加了"精神慰藉"等内容。新修订的草案在"精神慰藉"一章中规定，"家庭成员不得在精神上忽视、孤立老年人"，特别强调"与老年人分开居住的赡养人，要经常看望或者问候老人"。但有专家表示，即使立法规定子女要"常回家看看"，但真的要实施，不能仅靠法律强制执行，还是需要子女从道德上要求自己尽孝心。打个比方说，如果以后再有老人上告法庭，控诉子女不回家看看的时候，法院规定子女必须每个月要去看望老人一次，但由于亲人之间的关系已产生了裂痕，子女不情愿去，法院很难多次强制执行，即使去了彼此也不开心，最终解决不了实质问题。由此可见，普孝与普法并举，才是解决问题的根本办法。

（三）敬老、惠老、助老工程的建设

社会越进步，孝文化越盛行，知孝、行孝、倡孝的社会氛围就越浓烈。随着我国人口老龄化的加剧，在构建和谐社会的进程中，孝文化建设必须重视敬老、惠老、助老工程的建设。

1. 敬老工程

人的尊严是第一位的，老年人作为曾经的财富创造者、当下的弱势群体，需要更多的关爱和帮助。重视老人的人格权，让长者有尊严地变老，反映的是一个社会文明进步的标志和道德风尚的指标。孝文化建设的敬老工程，贵在让全社会关心和敬爱老人。

首先，关心和敬爱老人需要社会倡导。各级政府和部门要继续大力倡导和弘扬敬老的社会风尚，表彰一批尊老、爱老、敬老的典型，各级政府和部门干部要争做敬老的表率。其次，要搭建老龄工作宣传平台，加大敬老的宣传力度。新闻媒体要大力报道新时期尽孝典型，形成敬老的社会氛围和舆论环境。最后，社会各界要经常开展敬老的活动，开展各种老年文体活动和评先树优活动，加强基层老年活动场所建设，改善老年人的生活环境和生活质量，使老有所乐。

2. 惠老工程

孝文化建设的惠老工程，贵在使老有所养，让老年人在生活上得实惠。因此，这就需要大力发展养老服务的老龄产业，抓好相关养老政策的落实，完善养老保障体系等。

我国老龄产业还存在结构不合理的问题。老龄产业目前仍然主要局限在以生活照料为主、功能泛化的老龄产业，十分缺乏以护理看护和社会化服务为重心的养老服务业。尽管我国在相关法律法规上保障了老年人的养老权，然而，养老保障的现实状况与法律规定之间还存在着较大差距，未能完全衔接，迫切需要构建完善的养老保障体系，促使这项基本权利从"法定权利"上升为"实有权利"。养老不仅需要政府主导和社会参与，也需要充分发挥市场机制的作用，建立完善"以居家为基础、社区为依托、机构为支撑"的养老服务体系，满足多层次、多样化的养老服务需求，再加以国家司法救济为保障，最终实现以养老权为核心的养老保障体系的构建。此外，要抓好相关政策的落实。各级政府要加强各类涉老服务机构的领导和管理，使之树立良好的职业道德，开展优质的养老服务；工商、财政和税务部门要采取相应的政策，让合格的涉老服务机构充分享受优惠，使敬老爱老的事业无上光荣，使养老服务成为新兴的产业，给广大老年人带来实惠。

3.助老工程

老年人是弱势群体,需要全社会的关心和帮助。孝文化建设的助老工程,重在维护好老年人的合法权益,为老年人提供关怀和救助,解决老年人生活中遇到的难题,满足老年人的基本愿望和需求。

前述《中华人民共和国宪法》《老年法》和有关法律法规的实施,维护着当代中国老年人法律地位的巩固和发展,保障着老年群体实现"六个老有"安度晚年的幸福生活,显示出社会主义制度的优越性。但是,还应当看到国家、社会和家庭对保护老年人合法权益的任务仍很艰巨,特别是在现实生活中,各种侵犯老年人合法权益的事件时有发生。因此,维护好老年人的合法权益,加强对侵害老年人合法权益案件的审理,切实开展司法维护;对特殊的困难群体,政府要采取特殊政策,保障他们的基本生活和基本医疗。政府要强化助老的"孝政"工程,比如政府组织的青年志愿者助老行动、节假日的关怀和救助活动,投保与送报、献爱心与送温暖活动等。政府要积极争取各级财政扶持,广泛筹集社会资金,建立"孝老基金会",投入助老工程中。此外,政府要为老年人建功提供平台,比如建立老龄科学研究中心、老年人协会,举办"杰出老人评选"表彰等,使老有所为。

三、孝文化建设的基本走势

构建和谐社会,离不开孝文化建设。孝文化建设面临着什么新情况、将往何处去,是从事孝文化建设者共同关心和关注的话题。前瞻孝文化建设的基本走势,我们发现:传统"家庭尽孝"正面临挑战,新时期"社会尽孝"异军突起,未来孝文化建设呈现"四化"趋势。

(一)传统"家庭尽孝"正面临挑战

中华民族自古崇尚"孝",千百年来,中国社会由于家庭成员多、人际流动少,子女和老人常年生活在一起,那时物质匮乏、文化欠缺,人间上演了很多感人肺腑的尽孝故事。历史上著名的《二十四孝》成为我国孝文化的经典。

时代在发展,社会在进步,传统的"家庭尽孝"也受到了新挑战。

第一，目前独生子女家庭的一对年轻夫妻既要负担好培养一个孩子的责任，还要负担赡养四个老人的义务，如果四代同堂，负担更重，客观上造成子女赡养老人负担过重的趋势。

第二，市场经济的迅速发展，加剧了社会的人际流动。有的父母外出打工，丢下了留守儿童；有的子女外出就业，留下了空巢老人；有的孩子远走高飞，抛下了"常年孤独的守门人"。

第三，由于开放步伐的加快，年轻人新潮、时尚，老年人怀旧、落后，思想观念上的差距带来了日常行为上的碰撞，代沟加剧，摩擦增多。

上述因素对当代年轻人在主客观上继承传统孝文化产生了一定的影响，因子女少、长辈多而无力关照，因子女和父母分离而无法关照，因代沟加剧、摩擦增多而无心关照，这些都造成了"家庭尽孝"的缺失。

（二）新时期"社会尽孝"异军突起

孝是中华民族传统美德之一，也是我国古代重要的伦理思想之一。孝的作用是完善人的道德品格，提升人的思想境界，在家庭和社会中追求人际关系的和谐。党和国家历来倡导尊老、爱老、助老的社会风尚，在"家庭尽孝"出现缺失时，党领导全国人民以改革、创新的精神，大力弘扬孝文化。"社会尽孝"异军突起，在我国孝文化建设和发展中角色鲜明，作用显著。

（三）未来孝文化建设呈现"四化"趋势

社会越进步，孝文化越盛行，尊老、爱老、助老的社会风气就越浓烈。随着我国人口老龄化的加剧，在构建和谐社会的进程中，需要合力奏响孝文化建设的新乐章，我国孝文化建设和发展必将呈现出"四化"趋势。

一是社会化倡导。各级党委要继续大力倡导和弘扬尊老、爱老、助老的社会风尚，各级领导干部要争做表率；社会各界要经常开展尊老、爱老、助老的活动；新闻媒体要大力报道新时期尽孝典型；正常开展年度"十大孝子"评比活动；中小学要在德育教育中增加孝文化建设的内容；全社会要积极支持和鼓励社会养老和慈善事业；形成浓烈的孝文化氛围。

二是法制化保障。其一是国家要进一步加强人口老龄化问题的研究，不断学习和借鉴先进发达国家的尊老、爱老、助老的做法和经验；其二是不断强化和完善对老年人权益的立法保护；其三是加强对侵害老年人合法权益案件的审理，切实开展司法维护；其四是对特殊的困难群体，政府要采取特殊政策，保障他们的基本生活和基本医疗；其五是建立科学的社会养老标准增长机制，让老年人的生活质量与小康水平同步提高。

三是市场化运作。全社会要按照市场经济规律，广辟尊老、爱老、助老的新领域，积极开展居家养老和集中养老服务；建立健全各类组织、机构，细化尊老、爱老、助老的服务门类；各级医院、福利院、老年大学、老年活动中心要整合资源，为老年人提供一条龙服务；各级政府要加强各类涉老服务机构的领导和管理，使之树立良好的职业道德，开展优质的养老服务；工商、财税部门要采取相应的政策，让合格的涉老服务机构充分享受优惠，使敬老爱老的事业无上光荣，使养老服务成为新兴的产业。

四是家庭化责任。家庭是社会的细胞，尽管"社会尽孝"可以弥补"家庭尽孝"的缺失，但任何公民、家庭负有的赡养和孝敬老人的责任不可推卸，必须确保老人生活必需的衣食住行医等基本保障；根据自身条件，选择适合可行的养老、医保模式；照顾好老人的生活起居，加强与老人的沟通。做到"身养"和"心养"相结合，尽可能满足父母基本生活的要求，还要让父母心里觉得舒服，真心地尊敬、孝顺父母。这样，整个社会就能真正让老人"老有所养、老有所教、老有所为、老有所乐"。

跋

人到中年，淡然坦然释然，即便在落寞与孤独中也能品味生活的意境。"昔我往矣，杨柳依依；今我来思，雨雪霏霏。"（《诗经·小雅·采薇》）如果把人生比作一场旅途，那后半场该如何抉择？

"四旬已过，半生薄凉。"回首来时路，心中也曾有诗和远方，眼里也曾是大海星辰。2007年，参与"孝文化研究中心"的筹备与创建。2008年，论文《动漫孝文化：青少年德育中的"诺亚方舟"》获孝感市首届孝文化国际研讨会征文二等奖。2009年，参与学术专著《中国孝文化概论》的编撰。2010年，论文《从热播家庭剧看影视资源开发中的孝文化传播》在中文核心期刊首篇发表。2011年，论文《从老龄产业看孝文化资源的开发利用》获湖北省老龄委内参《参阅件》采用。2012年，主持完成首个省级人文社科重点研究基地项目《基于产业发展的孝文化资源开发研究》。2013年，首次在京参加中国人民大学举办的孝文化国际学术会议"传统孝道的当代意义与多元对话"。2014年，论文《基于老龄产业发展的孝文化资源开发利用》获全国老龄办举办的敬老文化论坛优秀论文三等奖、湖北省老龄办举办的敬老文化论坛优秀论文一等奖；在湖北省教育厅举办的网络文化建设成果评选活动中荣获"优秀指导教师"，主编、指导建设的中华孝文化研究网荣获"弘扬社会主义核心价值观特别奖"与"十佳专题网站"。2015年，参加湖北省政协文史工作暨《湖北文化史丛书》编撰工作座谈会，论文《文明湖北视阈下荆楚孝德典型的文史整理》获文史资料工作论文优秀奖。2016年，调研成果《湖北孝文化发展研究报告》收入蓝皮书《湖北文化发展报告》，录入中国社会科学院"皮书数据库"。2017年，论文《黄香孝廉文化传播的顶层设计与实践探索》获云梦县黄香孝廉文化理论征文一等奖。2018年，论文《文化自信视阈下孝文化的国家战略传播》获孝感市首届中华孝文化高峰论坛征文一等奖；作为评选专家，参与孝感市第七届"十大孝亲敬老小天使"评选。2019 年，受邀为河南省清丰县中华孝道园、孝感市烈士陵园等地孝文化建设项目建言献策。2020 年，参与完成国家社科基金项目"传统孝文化的家庭养老模式在当代社会的可持续性研究"结题报告。己亥猪年、庚子鼠年交替之际，一场始料未及的疫情席卷全球，打乱了人们的生活节奏和对未来的憧憬。这几年，我们更深刻地体会到"时代的每一粒尘埃，落在个人身上都是一座大山"。面临突变的情况，在长久的犹豫、徘徊中，我走出了人生中较为艰难的一步，最终选择了在离父母最近的地方工作。新的转向，或许令我与孝文化研究渐行渐远，或许是换一种路径去践行孝道，实现孝研究的意义归属。

"凡过往，皆序章。""若辉凡美，静净谨敬。"如若事与愿违，相信一切都是最好的安排。黉门论孝十余载，惭愧未得一孝著，沉静下来，整理已发表和尚未见刊的篇章结集，了却心愿，奔腾向海……

陈朝晖

壬寅虎年三月三十

于青龙山北麓双镜湖南畔